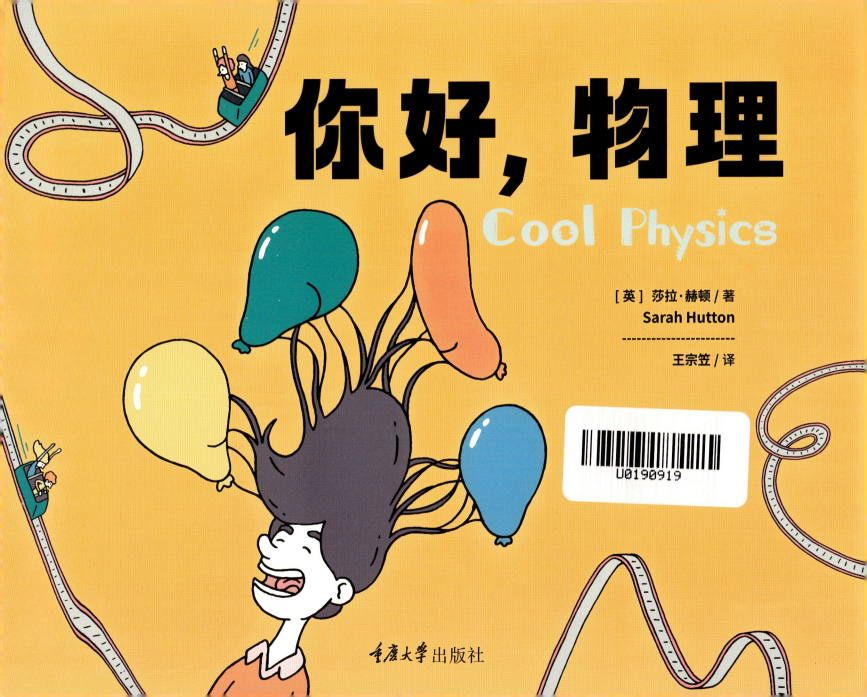

你好，物理

Cool Physics

[英] 莎拉·赫顿 / 著
Sarah Hutton

王宗笠 / 译

U0190919

重庆大学出版社

目录 CONTENTS

生活中没有什么事是可怕的，它只是等着你去理解。

——玛丽·居里

欢迎来到《你好，物理》！

小时候，我总喜欢把东西拆得七零八落，一门心思想要搞清楚它们的工作原理。

我父母很快发现，一旦有了螺丝刀的加持，我就能释放出巨大威力。为此，他们不得不确保永远不让我独自待在电器旁边，暂时不用的电器也绝不插电。可没过多久，我学会了如何把一堆零件重新组装起来！随着年龄的增长，我终于放弃了用拆解的办法来搞清楚电子设备的工作原理，转而开始学习物理学，并在其中寻找各种答案。

物理学是一把钥匙，可以打开一扇扇大门，从而理解我们周围的世界、我们内心的世界，和远超我们之上的世界。作为最基础、最根本的科学，物理学的研究领域大至宇宙中最大的星系，小至亚原子粒子。

物理学中的相对论、大统一理论等挑战着我们的想象力，而计算机、激光等依托物理学的伟大发明，进一步催生出改变我们生活的新技术——从修复关节到治疗癌症，再到开发可持续能源的解决方案。

眼下，我仍然喜欢学习物理，但我更多地致力于帮助人们了解这门学问，采用的方式也多种多样——讲座、研讨会，当然也包括这本书。本书将带你认识著名的物理学家、了解粒子物理学、天文学和热力学等知识。本书不求大而全（要做到这一点恐怕非几千本书不能！），但求激励你去更多地发掘这门学问。或许有朝一日，你也能发现主宰世界运行的新理论。

物理学大事年表

在物理学成为一门自成一体的学科之前，物理的发现就已经存在了数千年——它曾经和化学、数学一起被归为自然科学的一部分。以下是物理学发展历程上重要的里程碑，正是这些重要的成就将物理学塑造成我们今天看到的样子。

公元前 3 世纪， 阿里斯塔克提出以太阳为中心的太阳系模型

1100 年， 中国将磁铁针和方位盘联成一体，成为磁铁式指南仪，并用于航海

1665 年， 艾萨克·牛顿发明了微积分

公元前 150 年， 塞琉西亚的塞琉古发现月亮引起潮汐

1572 年， 第谷·布拉赫观察到仙后座的超新星

1678 年， 克里斯蒂安·惠更斯陈述了波前次波原理

公元 150 年， 托勒密提出以地球为中心的太阳系模型

1613 年， 伽利略·伽利莱利用太阳黑子证实了太阳的自转

1687 年， 艾萨克·牛顿提出了三大运动定律和万有引力定律

1054 年， 中国和美洲原住民的天文学家们分别观测到蟹状星云超新星爆发

1619 年， 约翰尼斯·开普勒发现了行星运动三定律

1752 年， 本杰明·富兰克林证实了天上的闪电就是电

1783 年，约翰·米歇尔首次提出了黑洞理论

1798 年，亨利·卡文迪什测量了引力常数并确定了地球的质量

1801 年，托马斯·杨演示了光的波动性和干涉原理

1821 年，迈克尔·法拉第制造了世界上第一台电动机

1827 年，罗伯特·布朗发现了布朗运动

1831 年，迈克尔·法拉第发现了电磁感应

1848 年，开尔文勋爵提出了温度的绝对零度的概念

1850 年，斐索和傅科测量了水中的光速，发现它比空气中的光速慢，这一发现支持了光的波动模型

1897 年，约瑟夫·约翰·汤姆森发现了电子

1898 年，玛丽·居里创造了"放射性"一词

1905 年，阿尔伯特·爱因斯坦完成了狭义相对论

1911 年，欧内斯特·卢瑟福提出了原子的核式结构模型

1913 年，尼尔斯·玻尔提出了第一个原子的量子模型

1915 年，阿尔伯特·爱因斯坦完成了广义相对论

1927 年，沃纳·海森堡阐述了量子不确定性原理

1965 年，阿诺·彭齐亚斯和罗伯特·威尔逊发现了宇宙微波背景辐射

1967 年，乔瑟琳·贝尔·博内尔发现了第一颗脉冲星

1998 年，科学家发现宇宙的膨胀正在加速

2012 年，欧洲核子研究组织（CERN）发现了希格斯玻色子

2016 年，LIGO 团队发现了由黑洞并合而产生的引力波

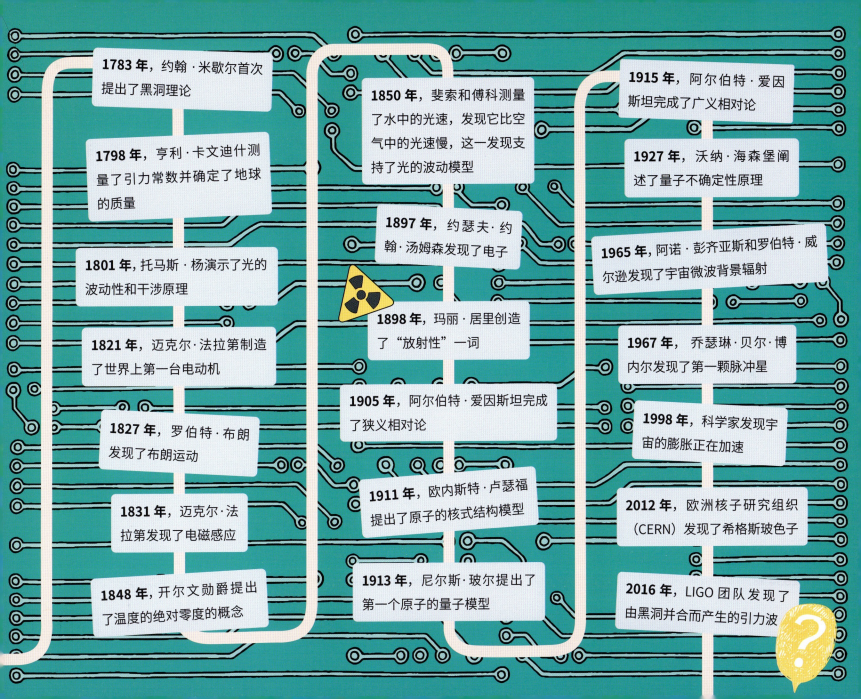

尤里卡！

大约在公元前 287 年，有一个名叫阿基米德的人在西西里岛出生了。他是个数学家、发明家、工程师、哲学家兼天文学家。

国王难题的解决者

一天，西西里国王召见阿基米德，让他去调查金匠是否欺骗了自己。

原来，国王给了金匠一定量的黄金用来制作王冠。不过，当王冠做好后，国王怀疑金匠作假，偷偷将一些白银混入了王冠，把多出来的金子据为己有。国王要求阿基米德查明真相。但是有一个棘手之处——国王不允许他对王冠造成丝毫损伤。

现在，我该怎样解决这难题呢？

我知道了！

密度

　　阿基米德先得考察一下王冠的密度，看看它与黄金的密度是否匹配。密度是一个可测量的物理量，等于物体的质量除以它的体积。黄金的密度比白银大，所以，如果王冠里面掺杂了白银，其密度就会比纯金低。阿基米德需要做的就是确定王冠的质量，然后测量其体积，计算出王冠的密度。然而，这就是问题所在——测量王冠的体积并不容易。它不是一个像球或立方体一样的规则形状，因此并不容易上手测量。

　　这让阿基米德无从下手。直到有一天，他在泡澡时注意到，当他浸入浴缸时，水位就会上升，水就会溢出。他在浴缸中浸入得越深，溢出的水就越多。他意识到，假设浴缸一开始就盛满了水，那么，溢出来的水量就等于他身体浸入浴缸的体积！据说这一发现让他兴奋不已，他从浴缸里跳了出来，光着身子就跑到大街上，大喊："尤里卡！"（我找到了！）

　　他找到了，找到了解决国王难题的办法——给王冠泡个澡！只要把王冠浸入水中，观察有多少水量被排出，便可得知王冠的体积，从而计算出王冠的密度。阿基米德回禀了国王，并当场进行了测试，他发现金匠果然欺骗了国王！

　　通过物体置换水来测量物体体积的原理现在被称为阿基米德原理。下回你泡澡的时候，你可以看到阿基米德原理在实践中再现。谁知道呢，或许你会另有自己的一套天才想法！

尤里卡！

把地球放进火柴盒

假如你试着来建造我们所生活的世界，你会从哪里开始？

你得有本事造出人、房子、山脉，以及千差万别的各种事物。不过，只需一些不同类型的原子，你就可以让自己干起来更容易些。有了这些原子，你可以造出你想要的一切，甚至更多。你可以把原子当成"积木"，它可以"搭建"出我们周围的一切事物。

就连地球的内部也是一片空白。如果我们能把地球上所有原子内部的空洞部分全部清除掉，那剩下的地球连一个火柴盒都能装下。

但它仍和地球一样重，所以你无法把它举起来!

什么是原子？

任何东西一经拆散，你就会发现它里面含有更小的东西。飞机和汽车里有发动机，水果里有果核，人体有大脑，泰迪熊里面有填充物。继续拆下去，最终你会发现我们周围的所有事物都是由不同类型的原子构成的。

例如，生物体主要是由碳、氢和氧原子构成的。这只不过是科学家发现的 100 多种化学元素中的 3 种而已。把不同元素的原子像乐高积木一样组合起来，你几乎可以创造出任何你能想到的东西。

一个原子是某种化学元素可能的最小量，因此，一个金原子就是你可能拥有的最小量的金子。它真的很小：一个原子大约是人类头发丝直径的十万分之一。

给原子建模

在古代，人们认为原子是世界上最小的东西。事实上，原子（atom）这个词源自希腊语"atomos"，意思是不可分割的。今天，我们知道这种认识并不正确，原子可以被分解成更小的粒子，即亚原子粒子。这些粒子包括质子、中子和电子。

最简单的原子模型是这样的，质子和中子紧密地排列在原子核中，周围环绕着电子壳层。虽然这个图像很好地解释了原子是如何工作并相互作用的，但它并没有说明原子不同部分之间的

相对大小。不妨在想象中将一个原子的尺度换成一个大型足球场那么大，那么原子核的大小就相当于一个小板球，处于中心位置。电子则像是在看台上嗡嗡作响的小苍蝇。除此之外没有别的了，原子内的大部分地方空空如也。这意味着，你们大多数人——以及你们周围的每一个物体——不过是一片空白。

宇宙中密度最大的地方

你们已经看到，实际上原子内部主要是空白的空间，如果我们去掉这些空白的空间，就可以把地球装进火柴盒。如果我们能对一颗恒星做同样的事情，会发生什么？

浴火重生的恒星

质量为太阳的4~8倍的恒星爆炸后会形成一颗"狂野"的超新星，此刻它们的外层向外爆发，壮丽无比，而留下一个小而致密的核，不断坍缩。引力将物质压在自己身上，压得如此之紧，以至于质子和电子都结合在了一起，形成了中子。于是，我们就有了"中子星"一词。

这个过程将使直径约为10亿千米的恒星变成一颗直径仅仅20千米的极其致密的星球！将一颗恒星向下挤压这么多会产生一系列非常奇怪的结果。例如，中子星上的引力增大了大约10亿倍，这会产生一种名为"引力透镜效应"的现象。在这种效应下，中子星由于其极高的密度扭曲了空间，就像一个巨大的放大镜，光线经过它时会弯曲。恒星崩塌时释放的能量将使中子星旋转。开始时快速旋转，随着时间的推移，旋转速度逐渐变慢。最慢（也就是最古老）的中子星每秒仅旋转一圈，已知最快的中子星每秒旋转700余圈！

如果中子星是双星系统中的一颗（在双星系统中，两颗恒星相互环绕），而另一颗恒星在超新星的致命爆炸中幸存了下来，事情可能会变得更加有趣。如果第二颗恒星的质量比我们的太阳小，那么中子星会将这颗伴星的质量拉入一个"洛希瓣"，即一个围绕中子星运行的气球状物质云。质量高达太阳 10 倍的伴星也会产生类似的质量转移，这时，质量转移相对不稳定，持续时间也不长。恒星的质量是太阳物质 10 倍以上的，将以恒星风的形式转移质量。这些物质沿着中子星的磁极流动，在加热时产生 X 射线脉冲。

呜哇！

中子星最著名的类型之一是脉冲星。脉冲星是以接近光速的速度喷射其物质的一种中子星。当这种质量束经过地球时，它们像灯塔的灯光一样闪烁——想象一个孩子拿着手电筒在转椅上旋转的情景！

著名物理学家一

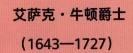

哎哟!

艾萨克·牛顿爵士

（1643—1727）

这本书通篇都会提到艾萨克·牛顿爵士，因为他曾在引力、运动定律和光学方面做出了开创性工作，他在数学方面也作出了革命性贡献。不过，牛顿的家人倒是从未指望过他能进入科学界，他们原本希望他成为一个农民。而在牛顿上大学时，最初学的是法律。牛顿有许多彪炳史册的发现和发明，但他并不是一个从善如流的人。他经常利用自己作为英国皇家学会主席的权威，打压一些与他有不同学术见解的研究者。

阿尔伯特·爱因斯坦

（1879—1955）

阿尔伯特·爱因斯坦是一位出生在德国的物理学家，他用相对论和方程 $E=mc^2$ 使物理学来了个天翻地覆的变化。在他读中学时，他的数学课和科学课都很出色，但他不大喜欢在学校学习，更偏爱自学。相对论是爱因斯坦最著名的发现之一，但他获得诺贝尔物理学奖却是因为他对光电效应的解释。

作为一名犹太人，爱因斯坦在第二次世界大战期间被迫离开了德国。他移居美国，于1940 年成为美国公民。爱因斯坦被普遍认为是 20 世纪最有影响力的物理学家之一。1999 年，他甚至被《时代》杂志评为"世纪风云人物"。

艾萨克·牛顿爵士也是皇家造币厂的督办，他非常认真地对待这份差事，在推行货币改革和消除腐败方面发挥了作用。

我没有特别的才能，只有强烈的好奇心。永远保持好奇心的人是永远进步的人。

我是……一个原子的世界，也是世界的一个原子。

理查德·费曼

（1918—1988）

理查德·费曼是一位美国理论物理学家，他不仅发展了一种全新的粒子物理学思维方式，而且还是一位深受学生喜欢的物理教师，获得过许多教学奖。他还喜欢玩邦戈鼓呢！

在读博士期间，费曼经常去听一些有关生物科学的高级讲座，他觉得这些讲座挺好玩的。仅仅因为选了物理专业就不允许学习其他学科吗？费曼才不这么想呢。在整个学术生涯中，费曼一直享受教学，他出版了许多从课堂讲义衍生而来的书。

在第二次世界大战期间，费曼参与了原子弹的研发，这是曼哈顿计划的一部分。他担任理论组的负责人，还负责测试现场的安全。

从有序走向混乱

在科学家最初研究热力学时，他们实际上是在研究热量，即热能。热量可以为所欲为：从一个区域跑到另一个区域，使一群原子处于激发态，还可以增加能量。当你增加系统的热量时，你实际上是在增加系统中的能量。现在你知道了吧，热力学研究实际上是研究能量在系统中的进进出出。

热原子

所有这些能量都在满世界流动，但你需要记住，这一切实际上发生在非常微小的尺度，依靠原子和分子所传递的微小能量。能量从一个区域转移到另一个区域，那是千百万个原子和分子通力合作造就的。这些数以百万计的能量碎片构成了横贯整个地球的能量流。

如果两个地方的温度不同，热量就会从一个地方转移到另一个地方。在两个温度相同的地方之间，就不会有热量流动。当你有两个不同温度的区域，热量就开始流动了，从高温区域向低温区域释放热量。

宇宙中总是有能量在流动，热量仅是其中的一种类型而已。

增加能量，增加熵

热力学的另一个重要观点是能量改变了分子运动的自由程度。例如，当你改变一个系统的状态（固态、液态、气态）时，其原子和分子就会有不同的排列方式并享有不同程度的运动自由。自由程度的增加量（也是随机性或无序性的增加）被称为熵。

原子能够更自由地运动，便意味着有了更大的活性。随着时间的推移，这些地方的熵增加了，根据热力学，这意味着随着时间的推移，一切（在微观尺度上）都变得更加随机和混乱，无论事物一开始是多么井然有序。

这么说来，下次当你被要求整理好房间时，你完全可以声称你正在搞一场大规模的熵增演习！

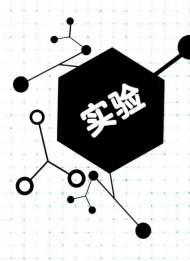
面团电路

除了用面团捏塑模型，你想过用"玩面团"来做更多的事情吗？通过以下这个好玩的实验，你可以给面团通电，点亮你的作品。

你需要准备：

- 面团（如果自制，请多多加盐）
- 黏土
- 各种颜色的 LED（发光二极管）
- 连接有红色和黑色导线的电池组或两个锂离子手表电池（CR2032 或类似产品）

你甚至可以尝试亲手制作一个面团动物。你能琢磨出如何制作一头眼睛闪光的狮子吗？

工作原理

面团中的盐分能使其导电，使电流通过面条，点亮 LED。黏土不导电，因此它充当电流屏障，迫使电流流过 LED。

怎么做

1. 将生面团擀成两根长圆条。

2. 如果使用电池组，请将每根面条的一个末端连接上电池组的一极。如果使用手表电池，请先将电池叠起来，使"+"极朝上。然后将电池平放下，将每一根面条的一端分别粘在电池组的两极上。

3. 在面条的开口端之间放一小块黏土，形成一个完整的闭环。

4. 将 LED 放在黏土上，确保 LED 的金属端安全地插入了面条的一端，注意将 LED 的长端连接到电池组的红色一端或手表电池组的"+"极一侧。

你现在已经完成了你的第一个面团电路！

你制作了一个串联电路，即所有的东西都连接在一个单回路上，电路中的电流只有一种流动路径。另一种电路被称为并联电路，在这种电路中，电流可以分叉，通过不同的电路分支。现在，你可以构建不同类型的电路了，尝试一下你可以点亮多少个 LED。

麦克斯韦妖

1871 年，苏格兰的物理学家詹姆斯·克拉克·麦克斯韦提出了一个思想实验。

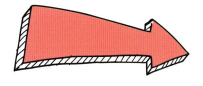

用一堵墙将充满相同气体的容器分隔成两边。让一个"小妖精"坐在墙上一个小小的阀门旁，手里拿着一支球拍。"小妖精"将根据迎面飞来的气体分子的速率来决定是开门放行，还是拒绝通过——用球拍将其挡回。游戏的目的是最终重新安排所有的分子，使墙的某一侧的分子跑得比平均速度快，另一侧的分子则比平均速率慢。

这意味着"小妖精"最终造就了隔墙的一边是高温高压气体，另一边则是低温低压气体。尽管这没有违反能量守恒原理，因为在实验开始和结束时整个容器中的能量是相等的，但我们已经设法重新安排了系统中的热能分布。于是，只要我们愿意，我们现在就可以从系统中取出能量来做功——比如，我们可以利用两边的温差制造出一台由热力驱动的机器。

行不可能之事

在麦克斯韦的思想实验中，"小妖精"试图降低系统的熵。换言之，它通过增加对所有分子运动的了解来增加可以利用的能量。在热力学上这是不可能的，你只能增加熵，或者更准确地说，你可以在一个局部地区减少熵，但同时须在其他地方至少增加等量的熵来抵消这一结果。

那么，它到底可不可行？

好吧，任何真正做到这一点的"小妖精"都不会是一个通过心灵感应来接收信息的虚无的鬼魂。要想获得关于这个世界的信息，你必须与之进行实体互动。要确定一个分子应该进入阀门的哪一侧，"小妖精"必须存储有关分子运动状态的全部信息。很快，"小妖精"将耗尽信息存储空间，不得不擦除之前收集到的信息。擦除信息是一个在热力学上不可逆的过程，会增加系统的熵。就这样，麦克斯韦妖揭示了热力学和信息论之间的深刻联系，这一联系至今仍在探索中。

麦克斯韦妖的现实生活版实际上存在于生命系统中，比如使包括大脑在内的神经系统工作的离子通道和离子泵。目前，这些分子大小的"装置"不再只局限于生物学，它们也是新兴纳米技术领域的研究课题。

往上跑的都会掉下来

大家都很熟悉重力：这种力可以将所有物体束缚在地球表面上。但这究竟是什么力呢？重力，或者给它一个更科学的称谓，引力，是任何有质量的物体靠近另一个有质量的物体时所感受到的力，物体由于地球的吸引而受到的力被称为重力。物体的质量越大，引力就越大。这就是为什么你会被地球吸住，而不会被逛大街的人吸过去。距离也挺重要，你离物体越近，引力就越强。

世界运行的驱动力

引力对我们的日常生活极其重要。如果没有地球引力，当地球自转时，我们就会飞离地球。引力也是太空中最重要的力。正是太阳和地球之间的引力使地球能运行在绕日的轨道上。也正是这种力造就了星系的形成和融合。宇宙大爆炸后的第一批原子、分子和恒星的形成也有它的功劳。

是谁发现了引力？

第一个失手将重物砸在自己脚趾上的人知道正在发生什么事，但首先用数学方法描述引力的是艾萨克·牛顿爵士。他的理论被称为牛顿万有引力定律，此定律阐明了质量、距离与由此引起的引力之间的关系。后来，阿尔伯特·爱因斯坦在他的相对论中更新了这个理论，描述了引力如何影响量子世界。

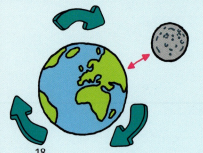

地球上的海水潮汐是由月球和地球之间的引力造成的。海洋中的水被月球吸引，于是朝引力的方向隆起。随着地球的转动，隆起的海水始终追随着月球的方向，即始终处于月球的正下方。

下沉的重量

　　重量就是施加在物体上的引力。我们在地球上的重量就是地球施加在我们身上的引力的大小，即地球把我们拉向地表的强度。有趣的是，不同质量的物体会以相同的速度落向地球。如果你把两个质量不同但在其他方面相同的球体带到某建筑物的顶部，放手让它们下落，它们会同时到达地面。除重力之外，影响下落物体运动的唯一因素便是空气阻力，它取决于物体的表面积，而不是物体的质量。实际上，所有物体下落时都保持着一个特定的加速度，即重力加速度，也称为重力场强度。在地球上，它的值约为$9.8\,\mathrm{m/s}^2$。

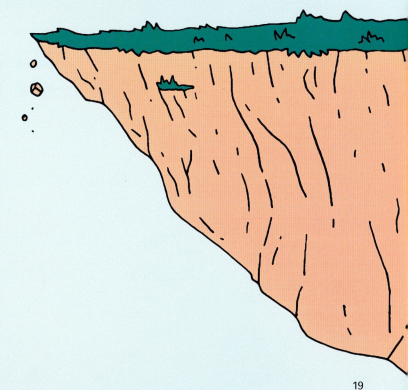

构建宇宙的积木块儿

你有没有干过这种事，为了弄明白一件东西是由什么组成的，就把它拆得七零八落？通常，这可能会弄坏电子设备，或者把房间弄得乱七八糟。不过，这倒真是物理学家探究宇宙基本组成的方法之一。

比小还小

1968 年，美国加利福尼亚州斯坦福直线加速器中心实验室的科学家用高能量的电子去轰击质子和中子。结果他们发现电子的行为与预期不同，除非质子和中子由更小的粒子组成，不然将无法解释实验结果。这些更小的粒子被称为夸克，此命名来自詹姆斯·乔伊斯的小说《芬尼根的守灵夜》。夸克的理论于 1964 年提出。

奇怪的味道

夸克总是以复合抱团的形式现身，到目前为止，还没有发现单独存在的夸克。迄今，科学家已经发现了 6 种不同类型的夸克，被称为不同的"味"：上、下、奇、粲、顶、底。顶夸克是 6 种夸克中最后被确认的，它的存在于 1995 年被证实。这些夸克可以通过多种不同的方式结合，从而形成 100 多种不同类型的粒子。夸克的特定组合方式决定了构成粒子的类型。例如，质子由 2 个上夸克和 1 个下夸克组成，而中子由 1 个上夸克和 2 个下夸克组成。人们相信宇宙中所有的物质都是由夸克和轻子组成的。有关轻子的更多信息，请参见本书 24 页。

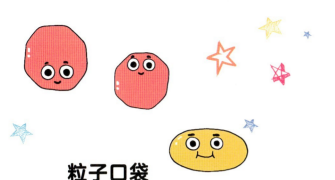

粒子口袋

　　任何由几个夸克构成的粒子都被称为强子。具体来说，由 3 个夸克组成的强子（如质子或中子）又被称为重子，而由 2 个夸克（严格地说，是 1 个夸克和 1 个反夸克）组成的粒子则被称为介子。

　　虽然人们对夸克的性质了解颇多，但对它们在强子内部的排列方式却知之甚少。对此，一个比较主流的理论叫作口袋模型。在模型中，强子就像一个装夸克的小口袋。在袋子里面，夸克可以随心所欲地自由运动，但有一种所谓的强力阻止它们彼此偏离得太远而离开口袋。

还有别的选择吗？

　　夸克可以在核反应中从一个口袋跳到另一个口袋，使一种强子变成另一种强子，但是，只要口袋里还存在至少 1 个夸克，其余的夸克就不可能在口袋外面逍遥自在。如果这条"戒律"是真的，那么强子口袋将永远无法被彻底清空，我们也永远无法找到 1 个独立的夸克详加研究。所以，我们可能永远都不知道夸克是否真的就是基本的粒子。一些科学家满腹狐疑：夸克和轻子没准是由更小的碎片组成的。

已知的夸克和轻子真能回答"宇宙是由什么构成的"这个问题吗？还存在其他更小的粒子吗？

室内云彩

天上的云层可能意味着一场雨即将到来（就算此刻还没下雨），室内云彩却可以让最沉闷无聊的一天变得令人兴奋！

你需要准备

- 玻璃杯
- 小碗
- 热水
- 冰块
- 喷雾剂（例如除臭剂）

怎么做

1. 将热水倒入玻璃杯，约 5 厘米深。
2. 晃动杯子，让热量均匀分布。
3. 将冰块放入小碗中。
4. 将碗置于玻璃杯顶部，保持平衡。

5. 轻轻拿起碗，往杯子里喷点儿喷雾剂。

实验原理

当温暖潮湿的空气遇冷，水蒸气凝结成微小的水珠时，就会形成云。但是水珠需要一个依附表面才能形成。在地球大气层中，这个依附表面是由尘埃颗粒提供的。在我们的实验中，它来自喷雾剂的颗粒。如果我们不使用喷雾剂，水只会凝结在碗底，一旦聚集到足够的水，水就会滴落。

在干旱地区，科学家们试图改造天气，制备人造云，其方法就是在空气中散布小颗粒，使得水可以在上面凝结。这个过程被称为云种散播。

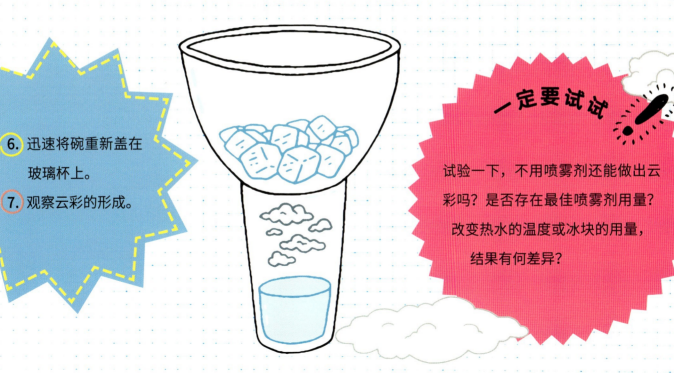

6. 迅速将碗重新盖在玻璃杯上。

7. 观察云彩的形成。

一定要试试

试验一下，不用喷雾剂还能做出云彩吗？是否存在最佳喷雾剂用量？改变热水的温度或冰块的用量，结果有何差异？

标准模型

自 20 世纪 30 年代以来，无数物理学家的工作使人们对物质的内在结构有了惊人的洞察：宇宙中的一切都是由被称为基本粒子的几块基础"积木"构成的，这些基础"积木"则由 4 种基本力控制。

我们对这些粒子和其中3种力如何相互关联的最好理解，被封装在了粒子物理学的"标准模型"中。随着时间的推移，并通过许多实验，标准模型已经成为物理学领域中一个非常成熟的理论。

物质是本质

我们周围的所有物质都是由基本粒子，即物质的基础"积木"搭建而成的。这些基本粒子有两种基本类型，即夸克和轻子。每组基本粒子由6个粒子组成，它们成对或"世代"相关。最轻最稳定的粒子组成第一代，而较重和较不稳定的粒子属于第二代和第三代。宇宙中的稳定物质全由第一代粒子组成；任何较重的粒子都会迅速衰变到下一个更稳定的水平。就像本书20页解释的夸克一样，6种轻子也分三代排列：

1 电子和电子中微子

2 μ 子和 μ 中微子

3 τ 子和 τ 中微子

电子、μ 子和 τ 子都有电荷和相当大的质量，而中微子是电中性的，质量极小。

携带的力

宇宙中有 4 种基本力在起作用，你将在本书 98 页了解它们。所有的力都有不同的强度，在不同范围内发挥作用。其中有 3 种力的产生来自交换携力粒子（玻色子）。粒子通过传递玻色子在它们之间传递能量。每个基本力都有自己相应的玻色子——强力由胶子携带，电磁力由光子携带，弱力由 W 和 Z 玻色子携带。理论上存在一个引力子，负责传递引力，但我们尚未观测到这种粒子。

标准模型是一种大统一理论，它可以解释除引力之外的所有基本力是如何影响粒子的，但它尚不能将它们统一为一个力。

残缺的拼图

人们承认，标准模型并不能回答所有关于宇宙的已知问题，但它是一块跳板，可以帮助我们通往新物理之路。目前，位于日内瓦的欧洲核子研究组织的大型强子对撞机（LHC）正在进行新的实验，我们可能很快就会找到缺失的拼图碎片！

时空涟漪

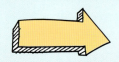 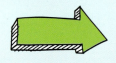 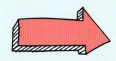 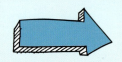

将一块石头扔进池塘，石头入水处会泛起一圈一圈的涟漪。类似地，如果我们将宇宙看作一个巨大无比的"池塘"，当两个质量巨大的物体（如黑洞或中子星）发生碰撞时，它们也会激起引力波的"涟漪"，这不可见的"涟漪"在宇宙的时空结构中传播，使时空结构不断地被拉伸和挤压。

2016 年 2 月 11 日，在历经数十年直接探测引力波的尝试之后，物理学家宣布他们貌似找到了这种波。这些波来自 10 亿光年外的另一个星系。在那儿，两个黑洞相撞，震动了空间和时间，或者说震动了时空的结构。在地球上，当引力波穿过美国不同地区的两个巨型探测器时，它们微微地颤动了起来。

对预言的测试

阿尔伯特·爱因斯坦在他的广义相对论中预言，时空中的涟漪会将雷霆万钧的暴力事件中的能量辐射出去，比如恒星和黑洞的碰撞事件。这样的事件强大无比，但它们产生的涟漪却很微弱。当涟漪到达地球时，它们压缩的时空量近乎质子的宽度。新发现的波是由激光干涉引力波天文台（LIGO）检测到的。

定位看不见的"涟漪"

为了发现信号，LIGO 使用一个特殊的镜子将激光束分离成两束。这面镜子将把每一条光束送入一个 4000 米长的管子，管子彼此成直角。光沿着探测器中的每个管道来回传播 400 次。这将使每条光束的行程

4000 米！

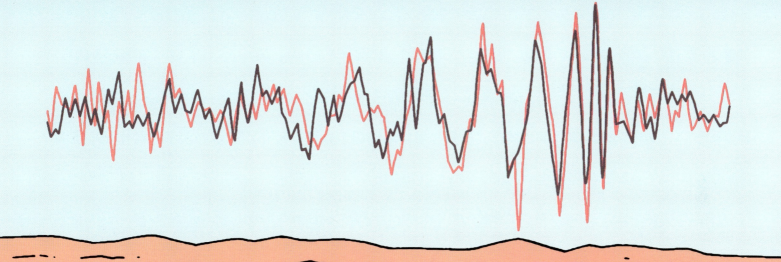

变成往返 1600 千米的旅行，然后，两束光在分离点附近重逢。

在正常情况下，这个实验的设置正好使两束光波在重新相遇时相互抵消，没有信号会送达该处的探测器。然而，如果引力波在运行时通过该实验装置，它会拉伸一根管子，同时挤压另一根管子。这就会改变两束光相对于彼此的移动距离。这种微小的差异足以使两束光在重新叠加时，它们的波不再完全对齐，也不会相互抵消。这意味着探测器将捕捉到微弱的蛛丝马迹，这就是引力波经过的信号。

为了确保信号不会被当地其他事件误触发（并帮助科学家三角定位其波源），LIGO 准备了两个探测器，一个在路易斯安那州，另一个在华盛顿州。仅在一个探测器上出现的信号是无效的。

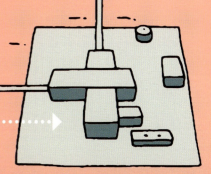

电磁波谱

　　无线电波、微波、红外线、可见光、紫外线、X 射线、伽马射线……你可能听说过以上名词的部分或全部，但你知道它们都是光的不同形式，只是能量不同吗？它们一起形成了电磁波谱，构成了宇宙中物体发出的所有不同形式的光。

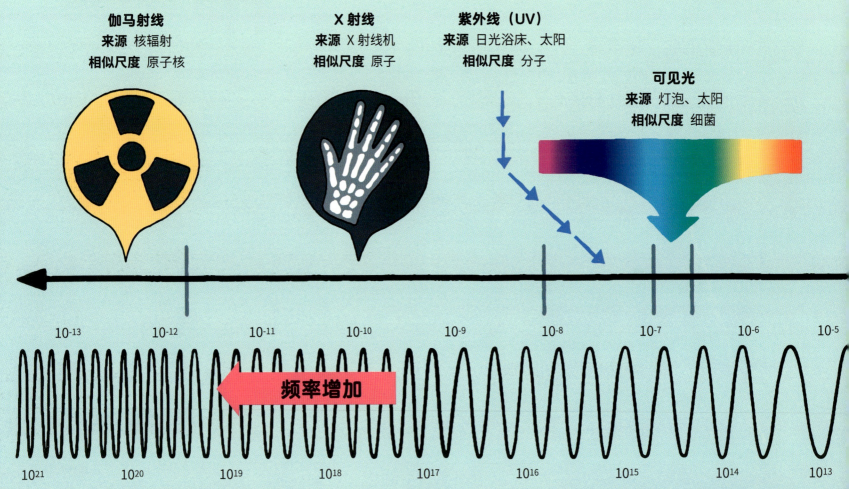

伽马射线
来源 核辐射
相似尺度 原子核

X 射线
来源 X 射线机
相似尺度 原子

紫外线（UV）
来源 日光浴床、太阳
相似尺度 分子

可见光
来源 灯泡、太阳
相似尺度 细菌

10^{-13}　10^{-12}　10^{-11}　10^{-10}　10^{-9}　10^{-8}　10^{-7}　10^{-6}　10^{-5}

频率增加

10^{21}　10^{20}　10^{19}　10^{18}　10^{17}　10^{16}　10^{15}　10^{14}　10^{13}

我们的肉眼只能看到可见光，但我们在日常生活中使用了整个电磁波谱，从看电视到在医院看骨折。

我们用波长来讨论电磁波谱，波长就是一个波的长度。

波长越长，波的能量越小：无线电波的波长最长，能量就最小；而伽马射线的波长最短，能量就最大。频率指每秒钟通过某一确定点的波的个数。频率和波长是联系在一起的：波长越长，频率越低。

电磁波谱中的所有波都以相同的速度传播，也就是光速！

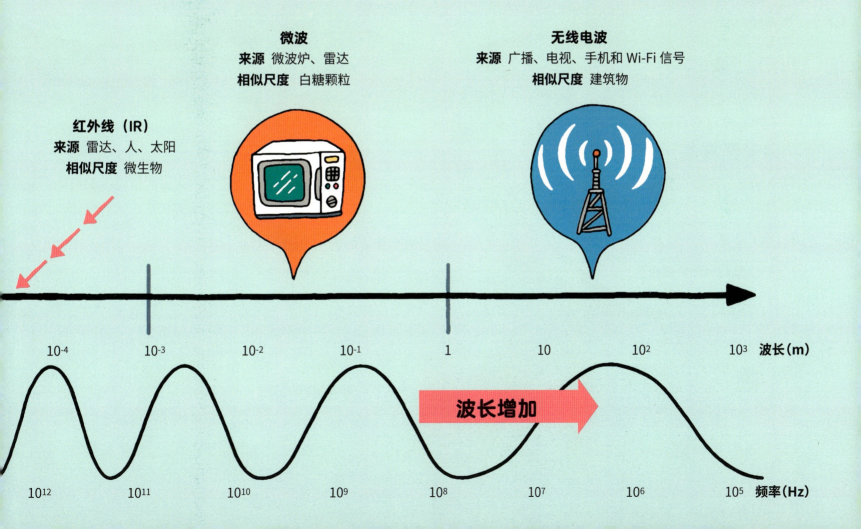

微波
来源 微波炉、雷达
相似尺度 白糖颗粒

无线电波
来源 广播、电视、手机和 Wi-Fi 信号
相似尺度 建筑物

红外线（IR）
来源 雷达、人、太阳
相似尺度 微生物

10^{-4} 10^{-3} 10^{-2} 10^{-1} 1   10 10^{2} 10^{3} **波长（m）**

波长增加

10^{12} 10^{11} 10^{10} 10^{9} 10^{8} 10^{7} 10^{6} 10^{5} **频率（Hz）**

瓶中漩涡

漩涡非常迷人，但被卷入漩涡却不是闹着玩儿的。在今天这个实验中，你可以在自己舒适的家里心安理得地来研究漩涡！

你需要准备：

- 2 个 2 升容量的塑料水瓶
- 秒表
- 防水胶带
- 一个垫圈（能紧贴瓶盖）

怎么做

1. 将其中一个瓶子装满水。

2. 拿上秒表，把装满水的瓶子倒过来，置于水槽上方，记录瓶中水流空所需的时间。

3. 重新装满瓶子。将垫圈放在瓶子开口端的顶部。

4. 将另一个空瓶子倒置放在盛水瓶的顶部。

5. 用胶带将两个瓶子牢牢地固定在一起——要求做到既不漏水也不漏气！

6. 准备好秒表。

7. 翻转你的两个瓶子，让空瓶子在下面，在翻转时保证顶部瓶子中的水旋转起来。

8. 记录瓶子中的水流空所需的时间。

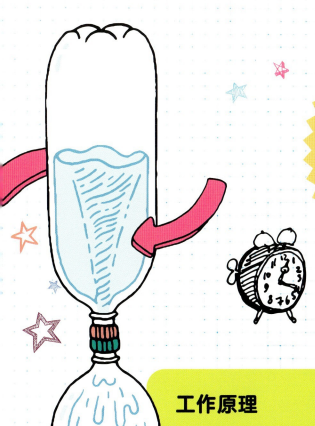

翻转瓶子这一步骤操作起来有难度，请多试几次。你注意到两次操作的不同之处吗，哪一个更快？

一定要试试

用不同大小的瓶子试试，保证每次实验所用的两个瓶子大小相同，看看你是否总能观察到这种效果。试着用不同的方式旋转瓶子，哪种方式能让水流得最快？

工作原理

重力会把水往下"拉"，但当你给水一个初始的旋转速度，它就会形成一个螺旋状的排水模式。这就像龙卷风一样，当热空气上升时，冷空气以漩涡形式下落。如果你仔细观察，你会发现在整个排水过程中，水体存在一个空洞，空气可以沿洞向上流动，周围是向下的排水。这就是该方法的排水速度比其他方法快得多的原因。

常见的那种从瓶子里"咕隆咕隆"倒水的模式，其"咕隆咕隆"声就因为水和空气必须使用同一通道而产生；当空气上升时，水被迫停止流动，反之亦然。这使得其排水速度比螺旋状的排水模式慢得多。

镜子，镜子，在墙上

物体是如何让我们看到它们的？你为什么能看到一棵树、一支铅笔或者手上这本书呢？世界上的大多数物体自己并不发光，所以为了让我们看到它们，它们必须得反射光。你所在房间的墙壁不会自己发出可见光，你之所以可以看到它们，是因为它们反射了头顶的灯光，或反射了从窗户照进来的太阳光。

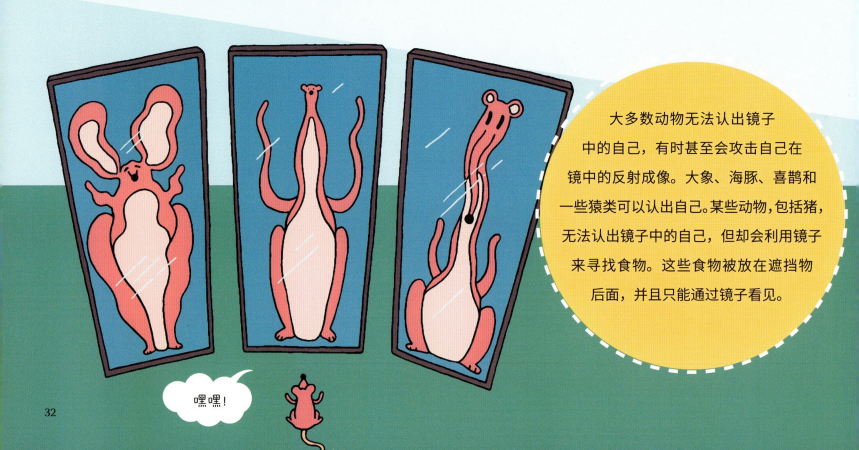

大多数动物无法认出镜子中的自己，有时甚至会攻击自己在镜中的反射成像。大象、海豚、喜鹊和一些猿类可以认出自己。某些动物，包括猪，无法认出镜子中的自己，但却会利用镜子来寻找食物。这些食物被放在遮挡物后面，并且只能通过镜子看见。

所有物体都会发生反射

高度抛光的金属表面会像镜子中的银层一样反射光线。一旦有光线落在金属表面，反射就会发生。

反射的过程总是涉及两条光线——入射或称投射光线，出射或称反射光线。根据反射定律，这两条光线位于法线*的两侧，与法线形成的角度是相等的。

* 法线：光线交汇处与镜面正交的假想线。

众生平等

所有反射光都遵循入射角等于反射角的反射定律。就像影像从镜子表面反射一样，从光滑水面反射的光也能产生清晰的影像。在非常平坦的表面上，所有入射光线都被反射到了同一方向，从而产生了清晰的影像。当水面被风吹得不平整时，光线会向多个不同的方向反射。此时，反射定律仍然适用，但由于水的表面不再平整，光线会射向不同朝向的水面，以不同的角度被反射，影像便不再清晰。这也是有些物体表面看似平坦，却显得暗淡无光的原因。要是有一台功能强大的显微镜，你就会看到看似光滑的物体表面实则凹凸不平。

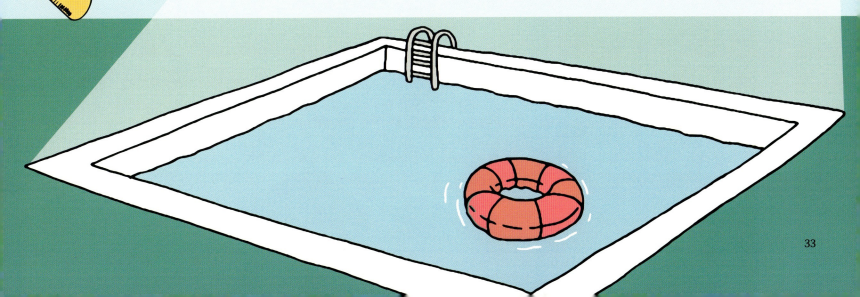

光的折射

光在真空中沿直线传播，但当光穿行到其他材料中时，尤其是从一种材料转移到另一种材料时，就会发生非常有趣的事情了。这毫不奇怪：我们也会遇到类似的情况。

你有没有注意到当你试着跑步通过水域时，你的速度是如何变慢的？你可以以最快的速度穿越海滩，但一旦你冲进大海，就会放慢速度。不管怎么努力，你都不能在水中跑得像在海滩上那么快。稠密的液体比空气更难排开，它会减缓你的奔跑速度。如果你把光照到水或其他致密物质中，同样的事情也会发生：它的速度会变慢，而且非常显著。这种速度的变化使光线弯曲，这一现象被称为折射。

你好！我现在感觉有点儿自我分离了。

事情是如何发生的？

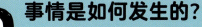

想象一下，你驾驶一辆履带式坦克沿着田野行驶。如果田野上只是草，坦克就会快速前进。但是，如果坦克一头进入泥坑会发生什么呢？如果坦克以某一角度进入泥坑，当它的某一侧先接触泥坑时，这一侧的履带就会在泥坑中滑动，不会像在草地上的履带那样轻松地在地面上奔驰。如此一来，坦克就会转向泥坑。一旦两条履带都进入泥坑中，坦克将又能笔直地向前移动了，但速度会比以前慢。离开泥坑时，首先离开泥坑的履带将具有更大的抓地力，并且能够比仍然陷在泥坑中的履带移动得更快，因此坦克将偏向远离泥坑的方向。一旦两条履带都离开泥坑，坦克又会直线行驶了。

如果坦克直接开进泥坑，即两条履带同时进入泥坑，则坦克不会改变方向，只是以较慢的速度行驶。这是一个理解光经过不同介质时的行为的很好的例子，并可以解释为什么放在水中的物体看起来会弯曲。

弯曲的吸管，"弯曲"的人

你可能已经注意到水可以使光线弯曲。你可以把一根吸管放进一杯水里，自己看一看。请注意，在水与上面的空气交界的地方，吸管如何显示出了弯曲形态。弯曲不是发生在水中，而是发生在空气和水的交界处。在一个干净清澈的游泳池里，你可以看到同样的情景：人们的头看起来从身体上移开了！

透过缝隙

你有没有在一个海港欣赏海浪涌来？你会看到，当波浪穿过海港的入口时，它们就不再笔直地前行，而是从入口处向四面散开，形成一系列曲线，并以弯曲的圆弧去冲击海港的峭壁。波浪越大 *，弯曲的幅度就越大。当波浪的波长与入口间隙的大小相同时，波浪的曲线弯曲得最厉害。

* 译者注：此处指波长越长。

散开的光

或许看起来不那么明显，但在光的世界确实会发生同样的现象。不过，为了看到这种现象，你需要一个与光的波长大小相似的开口。这在声波或水波中很容易实现，但对于光而言，这个开口需要小到约 0.000 000 5 米。当你眯起眼睛在黑暗中看路灯时，你可以看到这种被称为衍射的效果。当你眯起眼睛时，光线似乎会通过睫毛之间的狭窄缝隙，以奇怪的条纹扩散开来。你眯得越紧，光线散开得越宽（直到你完全闭上眼睛，光线才会最终消失）。

光栅

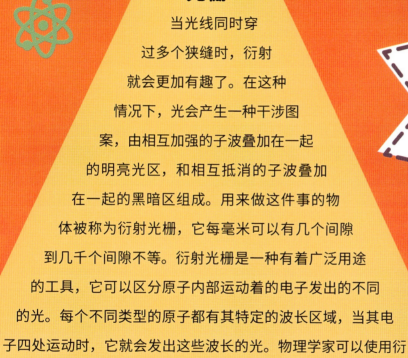

当光线同时穿过多个狭缝时，衍射就会更加有趣了。在这种情况下，光会产生一种干涉图案，由相互加强的子波叠加在一起的明亮光区，和相互抵消的子波叠加在一起的黑暗区组成。用来做这件事的物体被称为衍射光栅，它每毫米可以有几个间隙到几千个间隙不等。衍射光栅是一种有着广泛用途的工具，它可以区分原子内部运动着的电子发出的不同的光。每个不同类型的原子都有其特定的波长区域，当其电子四处运动时，它就会发出这些波长的光。物理学家可以使用衍射光栅研究恒星等物体发出的光，以便找出它们含有哪些元素。

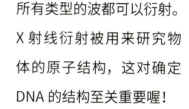

所有类型的波都可以衍射。X射线衍射被用来研究物体的原子结构，这对确定DNA的结构至关重要喔！

实验 融化比赛

在夏天，吃一根冰棍来降温会给人以舒服的感觉。但当冰棍融化得太快时，也会搞得一团糟！在本次实验中，你可以研究哪些因素会影响到冰融化的速度，以及你能做些什么来让你的冰棍融化得慢一些！

你需要准备

- 冰块
- 金属杯垫或托盘
- 软木杯垫或餐垫
- 秒表

怎么做

1. 取两块相同的冰块，将一块冰块放在金属杯垫上，另一块冰块放在软木杯垫上。
2. 启动秒表。
3. 记录每块冰块融化所需的时间。

工作原理

热能总是从高能（高温）物体转移到低能（低温）物体，而有些材料比其他材料更善于传递热能。如果一种材料善于传递热能，我们就说它是良好的热导体，如果它传热性能不佳，我们就说它是良好的热绝缘体。在日常生活中，我们需要经常用到热绝缘体和热导体，这取决于我们想干什么。

为了在室外保暖，我们会穿夹克衫，如果天气真的很冷，我们还可以穿羽绒服。羽绒服是一种极好的热绝缘体，可以阻止你身体各处的热量流失。取暖器则是一个热导体的例子，我们希望热量能迅速离开取暖器并使房间暖和。

冰块融化时，用手摸摸杯垫，你会注意到，金属杯垫比软木杯垫冷得多。金属杯垫上的冰块的融化速度也比软木杯垫上的快得多。如果你把杯垫拿在手里，融化会进行得更快。

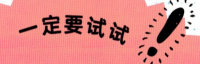

一定要试试

用各种各样不同的材料来做做这个实验。试试纸、羊毛、玻璃杯、装满水的玻璃杯、你的手……冰块放在什么上融化得最快？最慢呢？你能在家里找到最好的热绝缘体和热导体吗？

放射性

元素周期表中的元素，即使有相同的名称，也并不总是相同的。有些元素的质子和电子数相同，但中子数不同，在 19 世纪末，科学家将其称为同位素。

在 19 世纪末，科学家们发现了某些同位素的一些令人大感意外的性质。原来，这些同位素的原子一直在向外放射粒子和辐射。科学家们觉得这难以置信，而且他们还发现，无法采取任何措施来改变这些物质的放射性，加热、通电或者施加外力都没用。放射性看来是这些物质不可改变的特性，我们将其称为"放射性衰变"。

三种不同的放射类型

有三种不同类型的放射性衰变：

1 α 衰变，最重量级的衰变形式。α 粒子由两个质子和两个中子组成。由于它带着完全正值的电荷，如果进入人体，可能会对人体造成很大伤害。

2 β 衰变，指原子核中的一个中子转变为一个质子和一个电子。质子留在原子核中，而电子从原子中被发射出去。

3 γ 衰变，是高能辐射的一种形式，不会改变原子的质量或结构。

哦，天哪，小淘气！你又和你的放射性捣蛋鬼一起玩了吗？

你知道吗，在物理学、化学和生物学领域，已经有超过 12 项诺贝尔奖授予给放射性研究！

为了更大的好处

虽然不同类型的放射性衰变可能以不同的方式造成危险，但它们也有很多用途。放射性元素铀的特殊用途助推了核能的发展。医生们还发现，伽马射线可以在短距离内穿过活体组织，影响组织细胞。它们可以破坏细胞内重要化学物质分子间的化学键，因此可以用于治疗癌症和其他疾病。

地质学家一直在研究如何利用放射性来确定岩石和化石的年龄。用这种方法，他们更精确地计算出了山脉的年龄，还找到了地球上的生命如何随时间变化的新证据。关于放射性的研究将有助于理解原子的性质。从中，科学家们了解到了能量和物质是如何相互作用的，从而引起了物质世界中一切事件的发生。

爱迪生、斯旺和电灯泡

美国发明家托马斯·爱迪生（1847—1931）通常被认为是电灯泡的发明者，但实际上，是一位英国发明家约瑟夫·斯旺率先跨出了生产白炽灯灯泡的最重要的一步（在真空管中加热灯丝来制备灯泡），并且，他在世界上首次实现用电力来点亮一座建筑。

黑暗中的光

约瑟夫·斯旺是英国著名的化学家、物理学家和发明家。虽然他一直从事化学工作，但斯旺最感兴趣的是电和光之间的神秘联系。早在 1848 年，20 岁的斯旺就开始研制电灯，并在灯丝材料的选择上取得了重大突破。

在斯旺之前，一些发明家尝试使用金属作为灯丝，最常见的就是铂丝。但铂丝的成本很高，其熔点也只有 178℃，因此耐久性差，不是一个好的选择。斯旺试图用碳代替铂丝，碳的熔点高达 3500℃。斯旺把一块硬纸板切成马蹄形的条状，放在坩埚里烘烤，制成碳纤维线，接着将碳纤维线的两端连接到电线上，用钟形的玻璃罩将其封闭，并尽可能地抽出里面的空气，再将电线连接到电池的两个电极上，碳纤维线发出了明亮的光，这就是最原始的白炽灯。斯旺也因此于 1860 年获得了第一个专利。随后，斯旺不断改进技术并成立了自己的公司，从 1881 年开始商业化生产灯泡。1881 年 12 月，斯旺的电灯被用来照亮萨沃伊剧院的舞台，没过几年，萨沃伊剧院成为世界上第一个完全由电力照明的公共建筑。

电灯泡到底是谁发明的？

横跨大西洋

与此同时，在美国，托马斯·爱迪生也在研发电灯泡。实际上爱迪生的发明比斯旺的发明晚了大约一年，但关于这位英国人发明的消息过了一段时间才传到美国。在 1880—1883 年，爱迪生先是因自己的工作获得了专利，然后又被剥夺了专利。在斯旺与爱迪生就谁先发明了灯泡进行了几次法律诉讼之后，斯旺和爱迪生合并了他们的公司，成立了爱迪生–斯旺公司，生产"爱迪斯旺（Ediswan）"牌白炽灯泡，这家公司一直开到了 1964 年。

电灯泡是我先发明的！

斯旺

电灯泡的发明并非是由一个人独立完成的，而是通过许多人、许多年坚持不懈的努力创造出来的。

在压强之下

你有曾经不小心踩在了乐高积木块上的经历吗？真的很疼，不是吗？这是因为你全身所有的重量都向下压在了积木块的小面积上，给积木块施加了很大的压强，使得你的脚感觉非常疼痛！

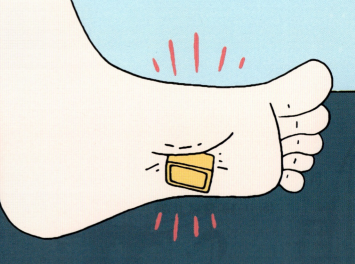

压强是用你使用的力除以你作用的面积来测量的。如果你用更大的力（例如，碰巧是一个成年人踩中了积木块），或者你在更小的面积上用了同样的力（你踩上了更小的积木块），压强就会增大。我们一直在承受着不同类型的压强。

气压

　　你可能没意识到，但空气实际上很重。地球大气中的气体是由微小的分子组成的，这些分子不断撞击你的身体，并试图向下和向内挤压你。通常有相当于一辆小汽车那么大的压力，一直压在你的头顶上，它就来自你头顶上方的空气！

　　这种压力叫作气压。它在地面上最大，因为那儿有最多的空气分子。在更高的地方，空气分子更少，气压也更低。气压会压缩（挤压）空气，可用于给瘪了的车轮胎充气，或为气动钻头等机器提供动力。第 52 页有一个关于气压的实验。

在没有专业设备辅助的情况下，人类可以到达的最大潜水深度是 122 米。而借助设备，人类到达过海面下 10 911 米处的马里亚纳海沟底部。1960 年，一艘特殊设计的潜水器首次完成了这一壮举，其舱壁厚度足有 15 厘米！

水压

　　水在压力下的状态与空气不同。水不可以被压缩，这使得我们可以使用一种叫作液压系统的设备在机器中传递力。水比空气重，水压的增加对人类的影响也大于气压变化对人类的影响。即使使用水下呼吸管或其他呼吸设备，在水下呼吸也会感觉困难得多。你上方的水从身体的四面八方往下压，所以你的肺很难扩张以吸收空气。你往水中走得越深，你上方的水就越多，对你身体的压力也就越大。

静电冲击

你有没有在触摸某个东西的瞬间被电击？那很可能是静电引起的电击。静电是物体表面积累的电荷。它被称为"静电"，是因为它所带的电荷保持静止，不会四处移动。

静电并不罕见，甚至能在我们身上发现！试试用气球摩擦头发，当你拿开气球时，会发现静电让头发粘在了气球上。脱毛衣时，也常常会出现静电。而静电最强大也最广为人知的一种形式当数闪电，电荷在云层中积聚，通过闪电的形式向地面放电！

电荷，到处都是电荷

你已经了解到原子是由中子、质子和电子组成的。质子和中子在原子中间形成原子核，电子在外围旋转。当两个物体的表面相互接触，电子从一个物体移动到另一个物体时，就会产生静电。其中一个物体将带有正电荷，因为它的电子比以前减少了；另一个物体将带有负电荷，因为它获得了电子。快速摩擦物体会积累大量的电荷，比如用气球在头发上快速摩擦，或用脚在地毯上快速摩擦。带有不同电荷（正电荷和负电荷）的物体会相互吸引，而带有相同电荷（同为正电荷或同为负电荷）的物体会相互排斥。你的头发粘在了气球上，因为它们相互摩擦时会产生摩擦力，于是在你的头发上累积了正电荷，而在气球上累积了负电荷。由于每根头发都有相同的电荷，它们试图彼此推开，但同时又会被带负电荷的气球所吸引。这样你的头发就会散开并粘在气球上。

有用的静电

静电在工业领域很有用。在打印机和复印机中，静电被用来将特殊的墨水吸引到纸上。喷漆器、空气过滤器和除尘器也都会用到静电。

静电也会造成损害。一些电子芯片，尤其是计算机中的芯片，对静电非常敏感，所以工程师研发出了特殊的保护装置，使芯片免受任何意外的电击。

电击！

寻找希格斯玻色子

物理学家总是想"简化"宇宙，尽可能优雅地解释它。他们用数学来构造方程，而避免使用长篇大论的解释。通观本书，有好几位物理学家根据他们的观察和经验提出了解释周遭世界的理论。然而，有时这些理论言之过简，仍无法解释我们的所见所闻。

什么是质量？

近半个世纪前，彼得·希格斯和其他几位物理学家试图理解一个基本物理量的起源：质量。在微观层面上，一个物体的质量来自组成它的原子，而原子本身又是由基本粒子（电子和夸克）构成的。但这些基本粒子的质量又是从哪儿来的呢？标准模型不能解释质量。当初，物理学家在针对基本粒子的行为进行建模时，他们遇到了一个两难的问题。如果他们在计算中排除了质量，那么这些方程就工作得很完美，但他们明确知道粒子是有质量的。如果他们试图引入质量，方程就会"崩溃"。当他们设法去解决这些麻烦时，事情就会显得既复杂又前后矛盾。

希格斯场

这是希格斯提出的想法：不要在方程中包含质量，以保持方程的完美和对称性。我们需要改变思路，考虑基本粒子在另一个陌生的环境中运行。想象一下，整个空间都均匀地充满了一种不可见的物质——现在被称为希格斯场——它会对所有通过它的粒子施加拖曳力来影响它们。根据希格斯的想法，如果你试图提高粒子的速度，你会感觉到拖曳力，如同阻力。这时，你可以将阻碍速度变化的力解释为粒子的质量。举个例子，想想游泳池底部的一块砖头。当你推动砖头时，你会感到它比在空气中更重。砖头与水相互作用的方式增加了它的质量。这与浸没在希格斯场中的粒子是一样的。

发现希格斯粒子

大型强子对撞机是一台将几个质子进行碰撞使其粉碎，以发现更小粒子的机器。其主要目标就是找到难以捉摸的希格斯粒子——希格斯玻色子——为了探索它，人类曾多次升级装备。2012 年，通过大型强子对撞机进行实验的物理学家宣布他们发现了希格斯粒子，这一发现震惊了世界。彼得·希格斯于 2013 年获得了诺贝尔物理学奖。

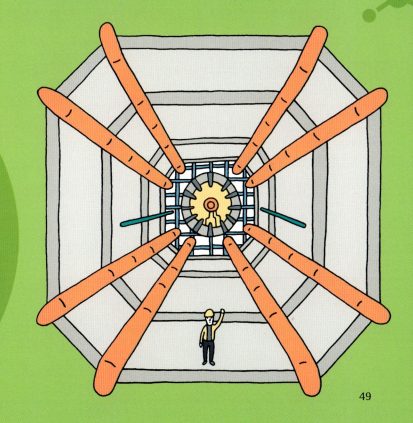

一切都是相对的

1887 年，两位科学家，阿尔伯特·亚伯拉罕·迈克尔逊和爱德华·威廉斯·莫雷，想要测量地球在太空运行的速度，为了做到这一点，他们准备着手测量光的速度。

为了理解他们为什么要这么做，可以这样来思考：想象一下，在一场暴风雨中，风雨吹打着你的背。如果你开始跑步，雨就不会那么猛烈地打在你的背上了。雨和你的速度差变小了。科学家们会说，相对于你而言，雨点的移动速度变慢了。

当然了，如果你转身对着雨跑过去，雨点会比你站着不动时更猛烈地击打你。科学家们会说，相对于你而言，雨点的移动速度更快了。

回过头看，科学家们认为光的作用就像暴风雨中的雨点一样。他们认为，如果地球绕着太阳转，而太阳绕着银河系转，他们应该能够测量到地球在太空中的移动速率。他们所需要做的就是测量光速是如何变化的。

他们确实就这么做了，但他们发现了一些非常奇怪的现象：即无论发生了什么，光的速度都是一样的，与它们绕太阳运行的方向无关。

绝对速率极限

科学家们发现光的行为不像雨点，也不像宇宙中的其他任何东西。无论你移动得有多快，也无论你朝哪个方向挺进，光速都是一样的。这是非常出人意料的，历史选择了阿尔伯特·爱因斯坦，他用他的狭义相对论解释了这是怎么回事。

汤米，它绝对装不进去！

混乱的时间

爱因斯坦指出，面对如此诡谲的现象，只存在一种解释：时间会变慢。

让我们回到关于暴风雨的想象中。当你在雨中奔跑时，怎样才可能和静止时感受到完全一样的雨点击打速度呢？想象一下，在你背离风雨来向奔跑时，你的时间变慢了，那么雨的速度就会相对变快。于是，你就会感觉到雨点击打在你背上的速度和静止时完全相同。

科学家称这一现象为时间膨胀。无论你移动得多快，你的时间都会变慢，所以你测量到的光速是完全相同的。

在非常快的速度下，长度也会受到影响，物体看起来比它的实际长度更短。如果一艘 100 米长的宇宙飞船以光速的一半从你身边经过，它看起来只有 87 米。如果它加速到光速的 95%，它看起来就只有 31 米！当然，这一切都是相对的。对于登上了宇宙飞船的人来说，它看起来总是 100 米。

相信我！

搜索"竿与谷仓悖论"，看看你如何把梯子放进谷仓！

51

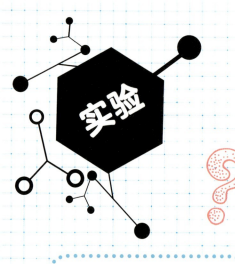

实验

坍缩的瓶子

你想学一个巧妙的科学魔术，让你的朋友刮目相看吗？下面这个快速实验，将借助物理学的强大力量，展现难以置信的结果！

你需要准备

- 一只电热水壶
- 一个 2 升的大塑料瓶
- 隔热手套
- 如果你年龄较小，你可能需要一名成年人来帮忙处理热水

怎么做

1. 用电热水壶烧一些热水。
2. 拧开瓶盖。
3. 水沸腾后，非常小心地往瓶里倒一些热水。

工作原理

　　热水给瓶子里的空气提供能量，于是瓶子里的压力会随着分子的能量增加而升高，这些额外的能量也会让一些分子逃出瓶子。热水被倒出后，空气粒子开始冷却，当它们冷却时会失去能量，不再像刚才那样跑得那么快，这就使得瓶内的压力会下降到低于瓶外压力的水平。可此时瓶盖已经拧上了，没有空气粒子可以进入瓶子。结果，外部的气压使瓶子坍缩，直到瓶子内部的压力与外部的压力重新平衡。

4. 戴上隔热手套，慢慢地摇动水，然后将其倒入水槽。

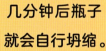

几分钟后瓶子就会自行坍缩。

5. 瓶子一空，立刻将盖子重新盖紧。

6. 坐下来观察瓶子坍缩。

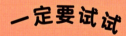

一定要试试

试着用不同的瓶子来做这个实验，哪一个效果最好？热水的量或倒出的方式对结果有影响吗？试着找到让瓶子坍缩得最快的方法！

神枪手与猴子

为了帮助自己和他人理解棘手的课题，科学家们经常借助思维实验来解释他们的想法。这些实验并不真正进行，科学家们只是通过描述来预测将要发生的事情。

以下这个特别的思维实验着眼于一个看似容易理解实则令人困惑的课题：重力。

想象一下，一名神枪手被叫到动物园，目的是让一只需要治疗的猴子安静下来。当神枪手到达时，他发现猴子挂在围笼远端的树枝上。他知道猴子会在他扣动扳机后立即本能地从树枝上掉落下来。所以，麻醉针一离开枪管，猴子就会自由落体，朝地面落下去。

选择，选择

然而，神枪手并不确切知道麻醉针离开枪管后能跑多快，他只知道它会运动得非常快。考虑到所有因素，他应该瞄准哪里？如果是你，你又会瞄准哪里？有三种选择：

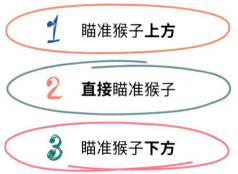

1 瞄准猴子**上方**

2 **直接**瞄准猴子

3 瞄准猴子**下方**

凭直觉，你可能会认为他需要瞄准猴子下方，因为麻醉针运动得非常快。如果他朝猴子或其上方射击，麻醉针可能会从猴子头顶上飞过，错失目标。可是，你错了，正确答案是……

2 直接瞄准猴子

一旦麻醉针离开枪管，只有一个主要的力作用于它：重力（空气阻力不足以影响它的运动）。同样，一旦猴子放开树枝，重力也将是唯一作用于它的力。

重力导致的恒定加速度对猴子和麻醉针的影响是一样的。因此，麻醉针会击中稍微低于射手最初瞄准的位置。当麻醉针穿过水平距离到达树枝时，猴子在垂直方向上的下落的距离将与麻醉针相同，于是麻醉针击中了猴子。

麻醉针的速度并不重要。较快的麻醉针会在较高的高度击中猴子，而较慢的麻醉针会在更靠近地面的地方接触到猴子。由于重力对两个物体产生了相同的加速度，只要射手直接瞄准猴子，它们的垂直位置就永远相同。

著名物理学家二

与其好奇他人的故事，不如深究思想的真谛。

玛丽·居里（1867—1934）

　　玛丽·居里是一位出生于波兰的物理学家和化学家，对放射性进行了开创性的研究。她是第一位获得诺贝尔奖的女性（1903 年，她与丈夫皮埃尔·居里和亨利·贝克勒尔一起，因在放射性方面的研究而获得诺贝尔物理学奖）。1911 年，她又因发现钋和镭两种元素而获得诺贝尔化学奖，成为第一位（也是唯一一位女性）第二次获得诺贝尔奖的人，她也是唯一一位在多个科学领域获得诺贝尔奖的人。

　　玛丽·居里死于一种罕见的血液病，这种病是由于她长期暴露在辐射中引起的。居里夫人已经去世 90 多年了，但她的实验笔记本仍然带有很强的放射性，至今都被保存在铅盒里。

　　居里家族以其无畏艰难、勇于探索的科学精神著称，两代人共 4 次获得诺贝尔奖，为现代科学的多个领域奠定了坚实基础。但是你知道吗？居里夫人发现新元素后并没有申请专利，她坚信科学研究是为了造福人类，并非为自己谋利，这一精神同样值得我们学习！

莉泽·迈特纳（1878—1968）

莉泽·迈特纳是一位在奥地利出生的物理学家，她对放射性机制的开创性研究帮助解释了核裂变的过程。尽管她的研究成果没有获得诺贝尔奖，但她是放射性和核物理领域最重要的科学家之一。她还被认为发现了镁元素。1942 年，她被邀请加入曼哈顿计划，参与原子弹的制造，但她拒绝了这份工作，因为她不愿意制造武器。1968 年，她在英国去世，在她 80 多岁时，她仍在发表演讲和到大学访问。

科学是对真理的探索！

我不愿为炸弹做任何事！

乔瑟琳·贝尔·博内尔（1943— ）

英国天体物理学家乔瑟琳·贝尔·博内尔是现代女性天文学家的先驱，1967 年，她在剑桥大学做博士生时就发现了脉冲星。1974 年，她的导师因这一发现获得了诺贝尔奖，但乔瑟琳未被列入获奖者名单。如今，乔瑟琳仍然是一名活跃的研究者，她周游世界，就自己的研究工作进行演讲，并大力宣传让更多的女性参与科学研究。

实验 制作针孔相机

你想在 5 分钟内制作一台很棒的相机吗？别担心，这很简单，你将通过相机看到一个全部（连同你的家人在内）都被颠倒的世界。只需按照下面的步骤展开实验，很快，你就会拥有一种看待世界的全新视角。

你需要准备

- 一个干净的空薯片筒
- 钢笔 / 铅笔
- 美工刀（根据年龄，可能需要成人协助使用）
- 胶带
- 铝箔纸
- 图钉

怎么做

1. 取下薯片筒的盖子。
2. 在距离筒底约 8 厘米的地方，沿筒身画一条圆圈。
3. 小心地沿这个圆圈切断薯片筒——小心手指！
4. 把盖子盖在底部薯片筒的切割端。
5. 取另一半薯片筒，将其放回盖子上。除了盖子被移到了中间，这个薯片筒看起来应该和原来的差不多。
6. 用胶带将上下两截筒身固定，注意胶带只能粘在筒的外侧。

7. 用厨房箔纸将薯片筒紧紧裹住。要做到这一点，可以先将铝箔纸的一端粘在筒身上，再将铝箔纸绕筒至少两圈，最后把铝箔纸的另一端粘上。

8. 最后，用图钉在薯片筒的金属底部扎一个孔。

现在你就有了自己的针孔相机。请闭上一只眼睛，将薯片筒的开口端放在睁开的眼睛上。走出去，享受这个"陌生"的"新"世界吧。

工作原理

针孔相机最早出现在公元前 1000 年左右，从那时起，它一直是一种生成准确场景图像的简单方法。

物体反射的光线穿过针孔，在屏幕上产生了彩色的倒转图像。这是因为只有来自物体上某一点的光才能到达屏幕上的给定点。此外，因为针孔充当了镜头，所以相机不需要镜头就能始终处于对焦状态。

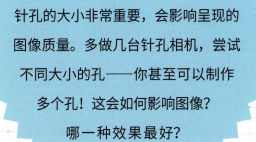

一定要试试

针孔的大小非常重要，会影响呈现的图像质量。多做几台针孔相机，尝试不同大小的孔——你甚至可以制作多个孔！这会如何影响图像？哪一种效果最好？

黑体与量子物理

设想你正在用烤箱烤蛋糕，蛋糕会在烹饪的过程中升温——放在烤箱里太久的话，蛋糕还会烤焦变黑。如果烤箱足够热，它甚至可能着火！无论你在什么时候把蛋糕从烤箱里拿出来，你都能感觉到热量的散发：烤箱越热，蛋糕就越热。用物理学家的话说，蛋糕正在以热量的形式辐射能量。

测量能量

如果你有一个设备可以测量蛋糕上的所有热辐射，你会发现，虽然大部分辐射（波长）都与蛋糕的温度相匹配，但仍有部分能量借由其他的电磁波（波长）辐射出来，这一现象被称为物体的热辐射谱。曾有一段时间，热物体的热辐射谱无法用物理学来解释。

打破物理学

为了解决这个难题，物理学家们设计了一个思维实验。假设有一个黑色的物体，一个只吸收光的物体：它不反射任何东西，所以看起来完全是黑色的。黑体只在给定的温度下进行热辐射，不损失任何其他形式的能量，可以说它是完美的热物体。当黑体的热辐射谱被创造出来时，每一次用经典物理学去解释它的尝试都以失败告终。

没有量子物理，太阳就会"爆炸"。如果能量没有被量子化，经典物理学认为太阳应该发出无限量的高能光，高能光将把它自身撕裂！

离散变化的物理学

经典物理学认为能量是连续的：它可以取任何值，这就是物理学家试图解释黑体时出错的地方。德国理论物理学家马克斯·普朗克回答了这个问题，他说能量不可能是连续的，相反，它必须具备离散的设定值。当你限制了能量的取值，你就可以创造出所需的热辐射谱。

量子物理学的诞生

这个想法是革命性的：普朗克说，物体的能量不可能具有任意值；相反，它只能取得某些特定的、量子化的值。所有能量都可以被离散化和量子化的想法导致了量子物理学的诞生，从而解释了原子内部正在发生的事情。

核裂变

　　发电是一个巨大的产业。世界上每个国家都需要电力，且对电力的需求每天都在增长。

　　无论是用煤炭、天然气还是核能来发电，大多数发电站的运行原理都是一样的。它们把水加热变成蒸汽，蒸汽会带动涡轮机来发电。核电站则是通过原子核裂变产生能量。核裂变是将原子分裂成更小部分的过程，这实际上是一个非常罕见的过程，因为在正常情况下没几种原子会裂变，而且很难安全实现。

特别方法

　　最广为人知的裂变原子是铀 235（U-235：一种原子质量数为 235 的铀同位素）。U-235 不是铀的唯一同位素——最常见的同位素是铀 238——但 U-235 是唯一易裂变的天然铀同位素。作为唯一可以用于核裂变的同位素，U-235 原子必须与储量更丰富的 U-238 原子分离。完成这一分离的难度和成本是阻止大多数国家拥有核能（或继续发展核武器）的原因。

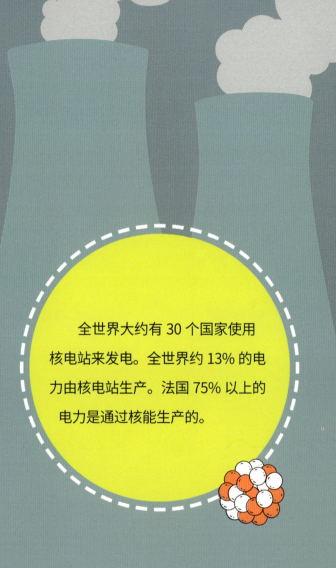

全世界大约有 30 个国家使用核电站来发电。全世界约 13% 的电力由核电站生产。法国 75% 以上的电力是通过核能生产的。

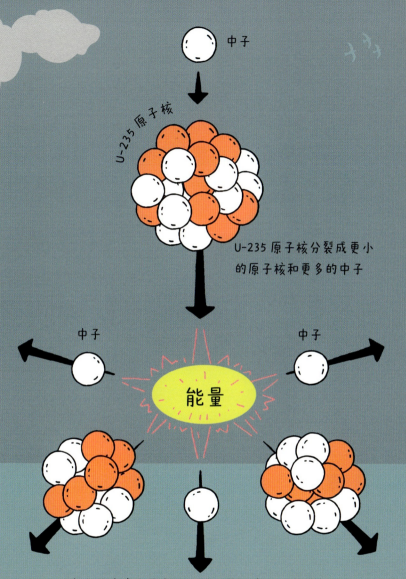

中子

U-235 原子核

U-235 原子核分裂成更小
的原子核和更多的中子

中子　　　　　　　　中子

能量

中子继续撞击更多的 U-235 原子核（链式反应）

制造一条链式

　　在一次核反应中，科学家先向 U-235 原子发射一整束中子。当 1 个中子击中原子核时，原子吸收了它，变成了 U-236。U-236 原子不稳定，会分裂。它分裂后将释放出 3 个中子和大量的能量。能量用于加热水并将其转化为蒸汽，放出的中子则会击中该区域的另外 3 个 U-235 原子，使它们变成 U-236。每一个循环，反应规模都会增加 3 倍。

　　反应一旦开始，就会自行继续，这一反应被称为链式反应。不断扩大规模的链式反应被称为不受控制的链式反应。如果任其所为，不加干预，并且有足够的 U-235，反应释放的能量将增长到足以引起大爆炸的程度！为了阻止这种情况发生，反应堆中含有慢化剂，它会吸收一些被释放的中子，以减缓反应速度，防止反应失控。

核聚变

核聚变是核裂变的反过程。在裂变中，重核分裂成更小的核，但在聚变中，较轻的核融合在一起，形成较重的核。

聚变过程是为太阳提供能量的反应。在太阳上，存在一系列的核反应，4 个氢的同位素氢-1（1 个质子和 1 个电子）聚变成氦-4，同时释放出巨大的能量。人类核聚变的首次成果展示是最初由美国军方于 1952 年制造的氢弹。氢弹的威力大约是普通原子弹的 1000 倍。

当前的挑战

在过去 50 年里，科学家们的目标一直是控制核聚变反应中能量的释放。如果核聚变反应产生的能量可以缓慢释放，就可以用来发电。它将提供无限的能源供应，没有核废料需要处理，也没有污染大气的污染物——仅仅是无污染的氦。

但实现这一目标需要克服 3 个难题：

物理学家已经创造了核聚变反应堆，但它们目前运行所需的能量比它们产生的能量还要多。技术一直在进步，希望在不久的将来，核聚变反应堆可以用来发电。

1 温度

核聚变需要大量的能量。热量就是用来提供能量的，但开启反应所需要的热量实在太巨大了。科学家估计，氢的同位素样品必须加热到大约 4000 万摄氏度（比太阳核心还要热！）才能产生核聚变。到目前为止，现代科学技术还无法达到这个温度。

2 时间

带电的原子核必须足够接近，待足够长的时间，才能触发核聚变反应。科学家们估计，被加热的气体或等离子体需要保持接触大约 1 秒钟，这是我们当前的技术水平望尘莫及的。

3 控制

目前，还没有一种材料能承受核聚变所需的温度，因此科学家必须寻找其他选项。因为等离子体带有电荷，磁场可以用来控制它——就像一个带磁性的瓶子。但是，如果瓶子泄漏，反应就不会发生。科学家们还没能制造出一个不让等离子体泄漏的磁瓶。

磁铁

磁铁是我们生活中的科学启蒙物：玩玩冰箱贴，把它们从冰箱上拉开来，看看它们必须离冰箱有多近才能被冰箱吸住。人类使用磁铁的历史长达数千年，但直到最近的一两百年，科学家们才了解到它们的工作原理，因为他们终于理解了粒子的结构。

磁性是某些材料的特质引发的一种不可见的磁场。在大多数物体中，电子以不同的、随机的方向自旋，这使得它们抵消了各自产生的力。然而，磁铁不同，其内部分子的排列是一致的，因此它们的电子在以相同的方向自旋。原子的这种排列在磁铁中产生了两个磁极，一个指向北极和一个指向南极。

对不起，我只是对你没有吸引力！

你知道吗，地球的铁矿心就像一块巨大的条形磁铁。这就是地球上存在一个磁北极和一个磁南极的原因，我们可以使用罗盘中的磁针来确定方向。动物也在利用地球磁场来辅助导航，如鲸鱼和鸟类利用地球磁场来寻找环球迁徙路线。

异性相吸

磁铁中的磁力线从南极流向北极，从而在磁铁周围产生了磁场。你试过让两块磁铁靠近吗？当你试图把两块磁铁的南极推到一起时，它们会相互排斥，磁铁的北极也同样如此。而分别将两块磁铁的南极和北极靠近，它们则会相互吸引。

稀有元素

没有多少元素具有合适的结构，可以让电子按序排列起来形成磁铁。磁铁的主要材料是铁，但大量含铁的钢材料，也可以被用来制造磁铁。因此，铁并不是制造磁铁的唯一材料：钕和钐也行，它们被称为稀土磁铁。

电磁铁

磁铁也可以用电流来创造。将一段金属丝绕在一根铁棒上，当电流通过金属丝时，金属丝缠绕的铁棒就变成了一块非常强的磁铁。关闭电流，磁性将消失，其被称为电磁铁，如果需要经常打开和关闭磁性，就可以使用电磁铁。

测量光速

光速非常快，想要精确测量非常困难，但这个简单的实验能够做到这点。因为微波以光速传播，只需要一台微波炉，你就能得到光速的近似值！

你需要准备

- 一台微波炉
- 一张黑卡片
- 迷你棉花糖
- 一把尺子
- 一支铅笔
- 一个计算器

怎么做

1. 从微波炉中取出旋转盘，以免它旋转。
2. 用铅笔在黑卡片中间画一条线。
3. 沿线摆放迷你棉花糖，直到摆满整张纸。如果棉花糖放不稳，可用一点水将它们粘住。
4. 小心地将黑卡片放入微波炉，尽量保证棉花糖能接受微波照射。
5. 关闭微波炉的门，满功率运行 30 秒。
6. 取出带棉花糖的黑卡片。
7. 查看微波炉背面的信息标签，找出微波炉的工作频率。通常是 2450MHz 左右。

你应该注意到，棉花糖中有些已膨胀，有些没有膨胀：它们交替排列，看上去像波浪一样。选择相邻两组没有膨胀的棉花糖，测量两组棉花糖中心位置间的距离。这个数字就是半个波长的距离，将其加倍，你就能得到微波的波长（如果你以厘米为单位测量，记得除以 100，得到以米为单位的数字）。要计算微波的速度，我们需要使用以下等式：

速度（单位：m/s）

= 频率（单位：Hz）× 波长（单位：m）

频率是你在微波炉背面发现的数字（2450MHz 实际上是 2 450 000 000Hz），波长是你测量距离的 2 倍。用你的计算器将这两个数字相乘来计算光速。翻到第 91 页，看看你计算出的光速和实际值相差多少！

工作原理

微波炉通过驻波加热食物中的水分子来烹饪食物。驻波是在微波炉的金属面反射微波时形成的，它们产生交替出现的高能区和低能区。因为我们移除了旋转盘，这种效果就更加明显。这就是为什么在定时器停止之前，你应始终将食物放在微波炉里的原因——否则食物的某些部分会太热，而其他部分会太凉。能量将所有食物加热到合适的温度是需要时间的。

一定要试试

这个实验也可以用巧克力片或奶酪来做。如果不用食物的话，可以考虑使用热敏纸（也就是收银小票纸）。

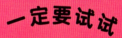

温标

当谈到热量和能量时，温度是一个重要指标，但它可以用不同的温标来衡量。你可能听说过摄氏温标，但你知道还有华氏温标和开尔文温标吗？

经典的华氏温标

经典的华氏温标创立于 1724 年，是至今仍在使用的温标中最古老的。如今，它在美国和一些太平洋岛国中被广泛使用。

水的温标

摄氏温标是现代公制温标，以水的测量为基础：水的冰点为 0℃，沸点为 100℃。摄氏度是目前最常用的温标。

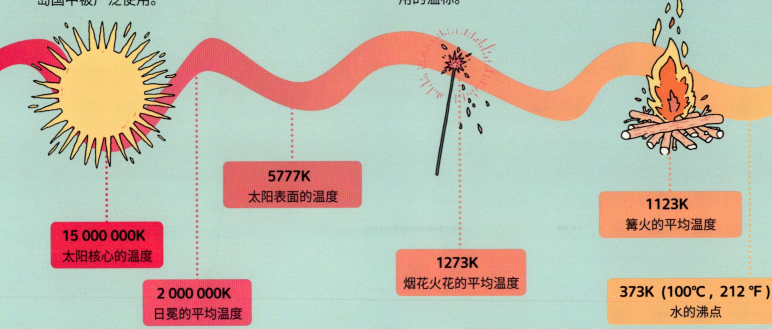

5777K
太阳表面的温度

15 000 000K
太阳核心的温度

2 000 000K
日冕的平均温度

1273K
烟花火花的平均温度

1123K
篝火的平均温度

373K（100℃，212 ℉）
水的沸点

起点下调

开尔文温标是科学界常用的温标，实际上与摄氏温标相同，只是起点不同。它们唯一的区别是，在开尔文标度上你找不到负温度：0K——即绝对零度——是最冷的温度，没有比这更冷的了。

测量温度

尽管科学家只使用少数几个温标来测量温度，但实际上存在几十种不同类型的设备可用于测量温度。所有测量温度的设备都被称为温度计，因为它们可以测量温度。有温度计就可以测量你的体温、烤箱里的温度，甚至液态氧的温度。

329.8K（56.7℃，134℉）
地球上记录到的最高温度，美国死亡谷，1913 年 7 月

310K（36.85℃，98.3℉）
人体平均体温

293K（20℃，68℉）
室温

273K（0℃，32℉）
水的冰点

184K（-89℃，-128.2℉）
地球上记录到的最低温度，南极洲东方站，1983 年 7 月

77K（-196℃，-321℉）
液氮沸点

3K（-270℃，-454℉）
太空平均温度

0K（-273.15℃，-459.67℉）
绝对零度，宇宙中可能出现的最低温度

牛顿运动定律

艾萨克·牛顿爵士在这本书中已经出现了多次。这是因为他提出了许多描述世界的定律，直到今天，这些定律仍与我们生活的世界息息相关。在这里，我们将更仔细地研究他描述物体运动的定律：牛顿三大运动定律。

第一定律

静止的物体保持静止，运动的物体保持运动，方向和速度不变，直到外力迫使它改变运动状态。

这意味着，如果你在移动，同时并没有任何外力作用在你身上，那么什么事情都不会改变——如果你以特定的速度朝着特定的方向移动，你将始终以该速度朝该方向移动，永远不变。如果你刚好一动不动，在没有任何外力作用的情况下，你就会始终静止，永远不变。这听起来可能有点怪怪的，但请记住，在日常生活中，我们的大部分运动都会因摩擦力作用而停止，所以我们总是试图克服它。

第二定律

$F=ma$ 即 力 = 质量 × 加速度

如果你对两个质量不同的物体施加相同的力，两个物体会获得不同的加速度，并最终获得不同的速度。质量越小的物体，获得的移动速度越快。

第三定律

每一个作用（力）都有一个等量且方向相反的反作用（力）。

通常，力是成对出现的。以坐椅子为例：你的身体向下施加一个力，椅子则需要向上施加一个同样大小的力，否则椅子早就垮塌了。如果它向上施加的力大于你的体重，椅子就会从地板上跳起来！另一个例子是火箭的发射：当发动机点火时，会产生一个朝向地面的力，同时也会产生一个相等但方向相反的力来推动火箭发射。

坐过山车

不是每个人都能成为赛车手或宇航员，也不是每个人都能潜入海底或登上珠穆朗玛峰。但我们都可以坐过山车，感受一下把自己推向极限是什么感觉。

哇！

最刺激的位置，无疑是过山车的最后一排。当过山车从高处往下猛冲时，最后一排的乘客将体验到最大的加速度，因为这是力变化速度最快的位置。

引擎在哪儿？

你有没有注意到过山车没有引擎？其车厢依靠一台绞盘爬上第一个坡顶，这通常是旅程中最漫长的部分——有些过山车要被拉到100米高空！

绞盘消耗能量将过山车拉上山，但这些能量不会凭空消失。过山车凭借在空中的位置把能量储存下来，所处位置越高，储存的能量越多。当过山车启动时，它将用这些能量冲下山坡。因为它具有在未来使用这份能量的潜在趋势，我们称它储存的这份能量为重力势能。

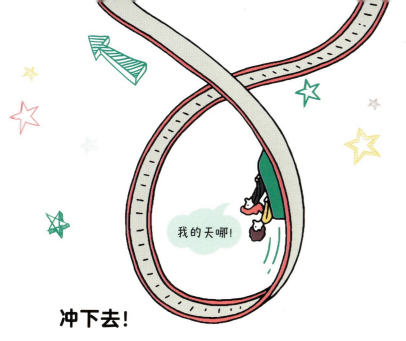

冲下去!

当过山车越过第一个山头时,重力使它向下猛冲,车厢开始加速。在此过程中,重力势能转化为动能。越往下速度越快,原始势能转化为动能的量就越多。

在过山车之旅的初始阶段,可以说它没有储存重力势能。在整个旅程中,车厢的能量不断地在势能和动能之间来回转换。每次冲上坡顶,车厢都会获得更多势能(通过上升到更高处),同时损失一些动能(通过减速)。这就是过山车为什么在上升时总是越来越慢,在下降时则越来越快。

把你压在座位上

保证过山车持续运行的是能量,而真正让你感受到刺激的却是力。当你在轨道上冲刺时,你看不到推拉你身体的力。但是,正是这些力迫使你向后,向前,左右摇晃,让你感觉头一瞬间像空气一样轻,下一瞬间像石头一样重。当你突然被倒悬过来时,它会将你安全地压在座位上。

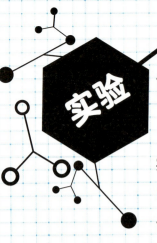

实验 笛卡尔潜水员

这个非常简单的实验是以法国科学家勒内·笛卡尔的名字命名的,他用一个非常相似的装置来解释阿基米德原理和气体的特性。

你需要准备

- 一个透明的1升塑料瓶和瓶盖(不是一个大号的2升瓶)
- 圆珠笔笔帽,确保上面没有任何孔(你可以用胶带封上任何孔)
- 一些黏土

怎么做

1. 撕掉瓶子上的标签,这样你就可以观察到实验现象了。

2. 将瓶子装满水。

3. 在笔帽开口处粘一块豌豆大小的黏土。

4. 慢慢地将笔帽放入瓶中,黏土端先入水(一些水会溢出,没关系)。让笔帽刚好漂浮起来(如果它下沉,就拿走一些黏土,如果浮起部分太多,就多加一些黏土)。

5. 适当拧紧瓶盖。

6. 现在你将看到最有趣的现象。你可以随心所欲地控制笔帽在瓶中的升降。用力挤压瓶子,笔帽会下沉。停止挤压,笔帽就会升起。只要稍加练习,你甚至可以让它悬停在中间。

工作原理

实验令人印象深刻，但应如何解释这一现象呢？密度就是解释这个实验的关键。当你挤压瓶子时，笔帽中的空气气泡被压缩，这使得它比周围的水密度更大。这种情况一旦发生，笔帽就会下沉。当你停止挤压时，气泡会再次变大，水被排出笔帽，笔帽就会升起。

如果实验失败了，就调节黏土的用量再试一试，确保在盖上瓶盖之前将瓶子装满水。

一定要试试

番茄酱潜水员

取一小袋番茄酱，但不要打开它——用同样的方法把它放进瓶子里，代替笔帽。当你挤压瓶子时，袋子里的空气被压缩，整袋番茄酱的密度会变大。袋里的气泡会使它像笔帽一样起起落落。好玩吧！

是波，不是波

光既可以表现为波，也可以表现为粒子，这可能是物理学中最令人困惑的理论之一，因为它与我们在日常生活中看到的任何事物都大相径庭。

波还是粒子？

18 世纪和 19 世纪研究光的物理学家们对光是由粒子还是由波组成存在很大的争议。他们尝试通过实验得出结论，却发现光似乎既是波也是粒子！有时它像粒子一样沿直线运动，有时它又像其他已知的波一样，具有波长和频率。

两者都是？

1909 年，一位名叫杰弗里·泰勒的科学家借用了托马斯·杨早年设计的一项实验。在此实验中，光线同时照射两条相邻的狭缝。当明亮的光线照射并通过这两条狭缝时，便产生了一种干涉图案，似乎表明光实际上是一种波，因为在某些地方光波相互抵消，而在另一些地方，光波叠加在一起形成了非常明亮的区域，从而形成了一种亮斑和暗斑交替的图案。

泰勒有一个想法，即用一种对光线异常敏感的特殊相机来拍摄从缝里出来的光。泰勒将灯光调至异常暗淡，并开始拍照。当他这样做的时候，他发现，如果光线足够暗，他只能看到两条微弱的光穿过缝隙，正如光是一个个粒子时那样。但当泰勒将相机曝光足够长的时间，并允许足够暗淡的光线通过时，这些光点最终还是填满了照片，再次形成了干涉图案。这个简单的实验表明光在某种意义上既是一种波，又是一种粒子。

我肯定还活着，不是吗？

薛定谔的猫是一个著名的量子力学思想实验，据说猫在被观察之前，在盒子里处于既活又死的状态。物理学家们利用薛定谔的实验来检验量子力学的新理论。

这个实验被重复了很多次，以至于物理学家们现在一致认为光在某种程度上既是波又是粒子。虽然一样东西兼有两种特性似乎很难理解，但物理学家们真的建立了一系列方程，来描述这类既拥有波长（波的性质）又拥有动量（粒子的性质）的事物。这种看似不可能的特性被称为波粒二象性。

不，我觉得你已经死了，伙计！

电动机和发电机

你现在的房间里有多少台电动机？至少有一个在你的电脑里，这是用来启动冷却风扇的。如果你坐在卧室里，你会在吹风机和许多玩具里找到电动机；在厨房里，从洗衣机、洗碗机到咖啡研磨机和微波炉，几乎所有的电器都有电动机。飞机的飞行和船只螺旋桨的转动也离不开它。电动机是有史以来最有用的发明之一……但它们是如何工作的呢？

电，磁性与运动

电动机的基本原理非常简单：你在某一端通电，另一端的轴（金属杆）就会旋转，给你提供驱动某种机器的动力。那么，电是怎么被转化为动力的呢？

假设你取一段普通的电线，做成一个大线圈，把它放在一个磁力强大的马蹄形永磁铁的两极之间。现在，如果你把电线的两端连接上电池，电线就会短暂地跳起来。当你第一次看到这个现象的时候，也许会觉得惊奇。其实，这里有一个完美的科学解释。当电流沿着电线流动时，它会在电线周围产生磁场。如果你把电线放在永磁体附近，这个临时磁场会与永磁体的磁场相互作用。你已经知道了磁铁是如何相互吸引或排斥的，同样，电线周围的临时磁性会吸引或排斥来自磁铁的永久磁性，这就是电线跳起来的原因。经过巧妙的设计，这个短暂的运动可以变成一个连续的圆周运动，电动机就诞生了。

运动产生电流

就像你可以用电流和磁铁创造运动一样，你也可以用磁铁和运动创造电流。将磁铁不断移入和移出线圈，你就可以迫使电子流过线圈并产生电流，不过这样产生的电流很少。最好的发电方式是让线圈在一个巨大的固定磁铁内旋转。固定在轮胎上的自行车发电机就是一个简单的例子。当自行车运动时，轮胎转动磁铁内的一圈电线，就能产生足够的电流来点亮自行车的车灯。

发电机！

弹性、塑料和弹簧

我们可以利用能量的概念来帮助我们描述事物的行为方式，以及某种行为产生的原因。当你对一个物体施加作用力，你可能会改变它的能量状态。这些能量又可以用来对其他物体做功。

能量被称为标量，它没有方向（与有方向的矢量不同）。能量看不见摸不着，它只是一种帮助我们了解周围世界的方法。科学家以焦耳为单位来测量能量。

弹簧的世界

对于弹簧的研究构成了物理学的一个完整分支。闲置一旁的弹簧并没什么用。但当你挤压弹簧时，你会施加一个力，从而改变弹簧线圈的排列。正是这种排列的变化在弹簧里储存了能量。它现在蕴含着能量，一旦弹开就可以对其他物体做功。

任何有弹性（即可以改变自身排列，并自我恢复形变）的东西都能以类似的方式储存能量，比如橡皮筋。橡皮筋可被拉伸，并对外做功，因为拉伸橡皮筋的过程会增加其势能。你也可以试着压扁一个实心橡胶球，一旦你松手，它就会弹起来。

塑料制品不能储存能量。它们不能自发地恢复排列方式，如果在其中投入太多能量，它们就会永久变形或断裂。想想一个塑料购物袋的提手，塑料袋被塞满了，提手就会变形、拉长。如果运气不好，塑料袋还可能裂开！

储存能量的气体

气体之所以值得赞美，是因为它们可以压缩和膨胀。它们的行为就像是有弹性一般。当压力增加并压缩气体分子时，其储存的能量就会增加。它与弹簧相似，但略有不同。当你需要的时候，压缩气体中的能量可以被部分释放出来做一些事情。

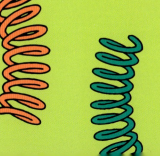

山地自行车中的弹簧使其不同于公路自行车。你肯定不想骑着公路自行车在崎岖不平的山路上行驶，太颠簸了！山地自行车利用弹簧来吸收能量，以帮助你在自行车上安稳无虞。

你的汽车里装有减震器。有些减震器的气缸中装备的就是压缩气体，而不是弹簧。通过气缸吸收能量可以防止你的汽车在遇到坑洼时过于颠簸。

$E=mc^2$

当爱因斯坦提出狭义相对论时，他还提出了当今最著名的方程式之一：$E=mc^2$。它是如此著名，以至于毫无物理学背景的人也听说过它，并意识到它对于我们生活的世界至关重要。然而，大多数人并不真正理解这个方程式的含义。

简而言之，这个方程解释了物质和能量之间的关系：物质和能量本质上是同一事物的两种不同形式。要理解方程式的含义，需要四个步骤：

1 **定义方程式中的各项。**第一步是理解方程的不同部分各自代表什么。E 是物体的能量，m 是物体的质量，c 是真空中的光速。

2 **什么是能量？**你可能听说过很多不同形式的能量，包括动能、电能、热能和重力势能。能量既不能被创造也不能被销毁，它只能从一种形式转变为另一种形式。

3 **什么是质量？**质量是物体中物质的量。就我们关注的领域而言，这个质量是固定不变的。同样重要的是要知道质量不是重量。重量是物体感受到的重力，它的大小强烈依赖物体所处环境中的引力强度。例如，你在月球上的重量会比在地球上轻，即使你在这两个地方的质量相同。

4 **最后，质量和能量是等价的。**这个方程认为质量和能量是同一事物的不同表现形式，所以如果你知道一个物体有多少质量，你就可以计算出它有多少能量。这个方程式还表明，一个小质量的物体也蕴含着巨大的能量！

为世界提供动力

　　爱因斯坦创造的方程式告诉我们，有很多能量聚集于物质之中。如果你能以某种方式将物质的质量完全转化为能量，那么 1 千克的物质大约含有 $9×10^{16}$ 焦耳（90 000 000 000 000 000J）的能量。这相当于 4000 多万吨 TNT！更实际地说，它提供的电量足够让 1000 万户家庭至少运转 3 年。照此计算，一个体重 50 千克的人体内储存的能量足以让 1000 万户家庭使用 150 年。

制作冰激凌

你在家做过冰激凌吗？这很有趣，最棒的是，你会大饱口福！

你需要准备

- 量勺
- 2 汤匙糖
- 400 毫升牛奶（鲜奶油也行）
- 香草精
- 200 克盐

- 2 个小号密封袋，如三明治塑封袋
- 2 个超大号密封袋
- 1 千克冰块
- 隔热手套或小毛巾
- 计时器或时钟

怎么做

1. 开始之前：在每个小型密封袋中放入 1 汤匙糖、200 毫升牛奶（或同等品）和 1/4 茶匙香草精。加入各种原料后，将袋子密封好，放入冰箱备用。

2. 在一个大密封袋中放入 500 克冰块，再往里加入 100 克盐。

3. 把你准备的一个小袋子放进大袋子里，和冰块放在一起。确保 2 个袋子都是密封的。

4. 戴上隔热手套或用小毛巾包裹袋子，然后摇晃袋子至少 5 分钟。

5. 现在往另一个大袋子里加入 500 克冰块，但这次不要往里面加盐。
6. 把你准备的另一个小袋子放进这个大袋子里。确保两个袋子都是密封的。
7. 戴上隔热手套或用小毛巾包裹袋子，然后像之前一样摇晃袋子至少 5 分钟。

嗯，我可以天天做这个实验！

其中一个袋子应该变成冰激凌了！快点，在它融化之前好好享受吧！现在拿出那个没有变成冰激凌的小袋子，把它和冰、盐一起放进大袋子里，再摇晃至少 5 分钟。

工作原理

你应该观察到了，与不加盐的大袋子相比，加盐的大袋子里的冰块融化得更多，摸起来也更冷。因为袋子足够冷（比冰点低几摄氏度），所以它应该能够将原料冷却变硬，并将其变成冰激凌。而不加盐的袋子则不够冷，无法做到这一点，原料仍会保持液态。

一定要试试

尝试用不同类型的盐，或把牛奶换成奶油，包括非奶制品，看看会发生什么。你能找到最好的组合吗？

物质的状态

我们已经了解了原子如何组成物质，以及如何被分解成基本粒子。现在我们来看看物质最常见的状态：固体、液体和气体。

我是冰!

固体

当一个物体内的原子以固定的形状被紧紧地压在一起时，我们称其为固体。你不能穿过一堵固体的墙，因为它内部的原子已被挤压得十分紧密，你难以从中穿行。固体在室温下可以保持其形状。

即使在固体中，原子之间也还有一些很小的空隙。原子排列的紧密程度决定了物质的密度，原子间的空隙越大，物质的密度就越小。

液体

液体在室温下不能保持其形状。液体的原子之间有空隙，它们一直在轻微地移动。这样一来，当你把手指伸进水里再拿出来时，水流会填补你手指曾经所在的位置。但是当你在游泳池的水中行走时，你必须把水推开——这意味着你感觉到了沉重的水。液体可以流动，可以倾倒，也可以适应容器的形状。无论液体被倒入什么形状的容器中，液体都会呈现出新的形状。

气体

气体在室温下
不仅不能保持其形状，
还不能保持不动！气体总
是在动。在气体中，原子之间的空
隙如此之大，你甚至可以在其中
自由穿梭。当你从房间的一边走到另一
边时，你已经穿过了构成空气的数十亿个原
子，却感觉不到它们的存在。气体会占据容
器的空间，也可以被压缩到更小的空间。

状态变化

物质可以从一种状态转变到另一种状态，但
仍然是同一种物质。例如，冰块加热可以变成水，
然后进一步加热变成蒸汽，所有这些都不会改变
其化学成分。除了温度，压力也可以将物质从一
种状态改变到另一种状态。在地球深处，固
体会变成液体，因为地球上一层层的重物
压在固体上，使它们变成了液态岩浆。

H$_2$O

水是地球上唯一可以在自然
中呈现三种常见状态的物质——
固态、液态和气态！

速度的极限

你也许能跑得很快，或者游得很快，但你知道你的头发长得有多快，或者地球绕太阳转得有多快吗？

下面列出了一些速度的极限，是不是有些超乎你的想象？你能算出你绕银河系旅行的速度吗？

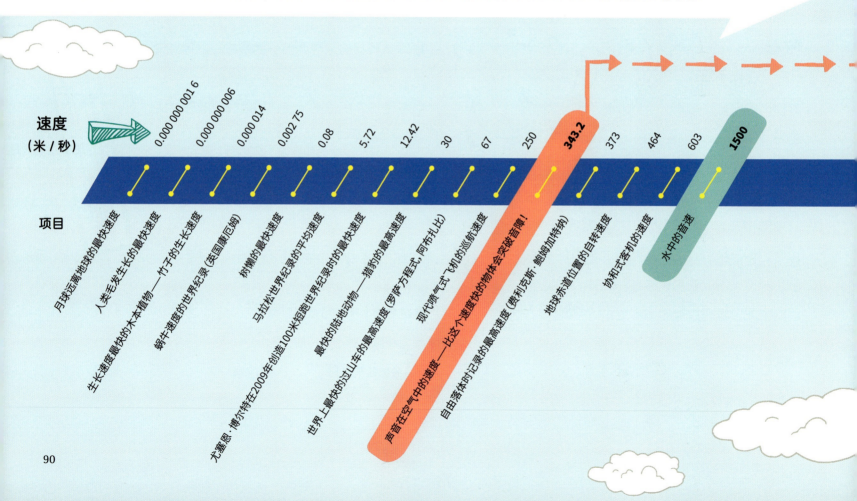

速度
（米／秒）

| 0.000 000 001 6 | 0.000 000 006 | 0.000 014 | 0.002 75 | 0.08 | 5.72 | 12.42 | 30 | 67 | 250 | 343.2 | 373 | 464 | 603 | 1500 |

项目

- 月球远离地球的最快速度
- 人类毛发生长的最快速度
- 生长速度最快的木本植物——竹子的生长速度
- 蜗牛速度的世界纪录（英国康沃姆）
- 树懒的最快速度
- 马拉松世界纪录的平均速度
- 尤塞恩·博尔特在2009年创造100米短跑世界纪录时的最快速度
- 最快的陆地动物——猎豹的最高速度
- 世界上最快的过山车的最高速度（多萨方程式，阿布扎比）
- 现代喷气式飞机的巡航速度
- 声音在空气中的速度——比这个速度快的物体会发出音障！
- 自由落体时记录的最高速度（费利克斯·鲍姆加特纳）
- 地球赤道位置的自转速度
- 协和式客机的速度
- 水中的音速

90

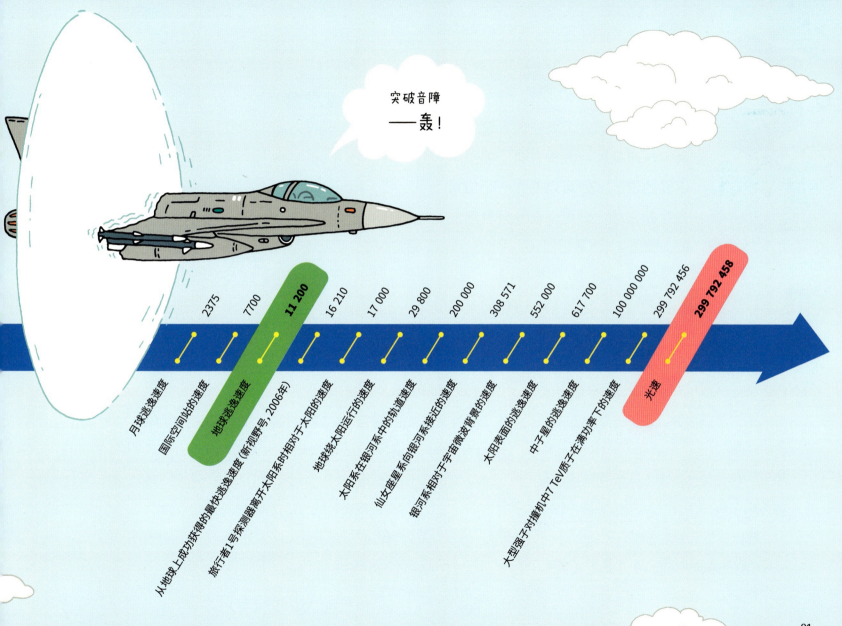

突破音障

——轰！

2375
7700
11 200
16 210
17 000
29 800
200 000
308 571
552 000
617 700
100 000 000
299 792 456
299 792 458

月球逃逸速度

国际空间站的速度

地球逃逸速度

旅行者1号探测器离开太阳系时相对于太阳的速度（新视野号，2006年）

从地球上成功获得的最快逃逸速度

地球绕太阳运行的速度

太阳系在银河系中的轨道速度

仙女座星系向银河系接近的速度

银河系相对于宇宙微波背景的速度

太阳表面的逃逸速度

中子星的逃逸速度

大型强子对撞机中7 TeV质子在满功率下的速度

光速

实验 火柴棍火箭

制造能够进入太空的火箭是一项困难而耗资巨大的任务。但按照下面的说明，你可以制作一个功能齐全的火箭，它可以在几分钟内发射，能飞 10 米高！

你需要准备：

- 若干非安全火柴棍
- 约 5mm × 5mm 的正方形锡箔纸
- 一根针
- 一枚大回形针
- 瓷砖或其他耐热材料
- 长柄燃气打火机
- 安全护目镜

怎么做

1. 将锡箔纸对折成长方形。再次纵向折叠长方形，然后展开，留下一个中间有折痕的长方形。

2. 放上一根火柴棍，使火柴头指向远离你的方向，火柴头就在锡箔纸折痕的正下方，靠近锡箔纸的左边缘。

3. 把一根针放在火柴棍上，针尖靠近火柴头。

4. 将锡箔纸的顶部折叠，封住火柴头和大头针。

5. 用锡箔纸紧紧地卷住火柴和大头针。

6. 取出大头针，小心地放到一旁。现在，你的火柴棍火箭就大功告成了！

7. 弯曲回形针，使中间部分竖起来，这就是一个发射台。

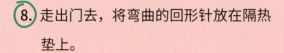

8. 走出门去，将弯曲的回形针放在隔热垫上。

9. 将火柴棍放在回形针的弯曲部分，用锡箔纸覆盖的一端朝上，远离你和你周围的任何人。

10. 戴上护目镜。

11. 用打火机（或另一根火柴）在火柴的锡箔纸端下点火。

12. 等待火箭发射！（这可能需要 1 分钟，要有耐心）

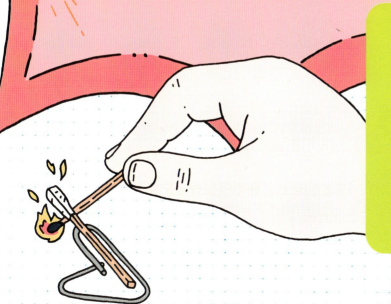

一定要试试！

即使你严格遵守以上步骤，你的火箭也有可能发射失败。这是因为，虽然火箭的科学原理很简单，但火箭工程却非常复杂。如果你的火箭发射真的失败了，想一想你能做些什么，然后再试一次——很快你就可以制造出一枚完美的火柴棍火箭了！

工作原理

火箭科学的原理是以牛顿第三定律为基础的。为了使火箭向前推进，就需要在相反方向上施加一个大小相等的力。在上述过程中，你在建造时使用针制造了一个排气管道。当火柴点燃时，产生的气体将沿着火柴从你所希望的火箭飞行方向相反的方向排出。气体耗散越小，推力越大，火箭就飞得越远！

移动的声音

你是否有过这样的经历：当救护车鸣笛从远处开来时，你正好站在路边。如果是这样的话，你可能会注意到，当救护车靠近你时，笛声的音调（笛声频率的测量值）比较高。当救护车从你身边经过后，笛声会变低。这就是所谓的多普勒效应。

何谓多普勒效应？

所有的波都会发生多普勒效应：声波、光波、水波概莫能外。当波源或者接收器在运动时，它就会发生。如图所示，当车朝你开过来时，声波被挤压了，出现了高音。当车离开你时，声波被拉伸了，你听到了低音。声音在空气中传播的速度为每小时1235千米（约合每秒343米），车的速度为每小时80千米，这样的差距就会让你听到的声音如此不同！你在电视上看汽车大赛时也能感受到这个效应。

这就是为什么你总能区分警车、救护车、消防车是在朝你开过来，还是远离你而去。

如果你是一名救护车司机，听着自己的警报声，你能观察到多普勒效应吗？

天文学中的多普勒效应

多普勒效应对天文学家来说非常有用，银河系内外恒星在运动中会产生电磁波（包括可见光），天文学家利用其频率偏移的信息来获取这些恒星和星系的信息。利用多普勒效应，我们可以发现关于恒星的许多新知识。如果恒星正远离地球，恒星发出的光的频率会向下移动（朝向光谱的红端，被称为红移）。相反，如果恒星正朝向地球运动，光的频率会向上移动（朝向光谱的蓝色一端，被称为蓝移）。

这一技术可以帮助天文学家寻找绕着遥远恒星运行的行星，研究恒星在广袤的星系中的运动。有关研究表明，大多数星系正在远离我们的银河系。

虽然多普勒效应显示大多数星系正在远离我们的银河系，但我们最近的邻居仙女座星系正在向地球移动，大约 40 亿年后将与银河系发生碰撞。

滴答滴答

在一本物理学著作中读到有关时钟的内容，你可能会感到诧异，但若干世纪以来，科学家一直在致力于精确测量时间的流逝。几千年来，水钟、沙漏和蜡烛等原始计时设备一直被用来记录时间。1656 年发明的摆钟是时钟史上最大的突破，在 1927 年石英钟（如今几乎所有钟表都是由这种机械装置驱动的）发明以前，摆钟一直是最精确的时钟类型。

目前最精确的时钟是原子钟，它们可以精确地将时间误差控制在每 1000 年 1 秒钟以内！

从一边摆向另一边

摆钟最基本、最显著的特点是它的名称所指：摆。摆是一种摆动的重物，正是它在帮助时钟测量时间。这在落地式大摆钟中颇为常见。以伽利略·伽利莱为代表的科学家们发现钟摆具有一个奇妙特性，即它每次摆动所需的时间总是完全相同的。钟摆的长度则是保持精确时间的关键！摆动所需的时长由钟摆的长度决定，因此不同的时钟以不同的方式测量时间。有些摆钟每秒钟摆动一次，另一些摆钟可能需要整整 1 分钟才能来回摆动一次！

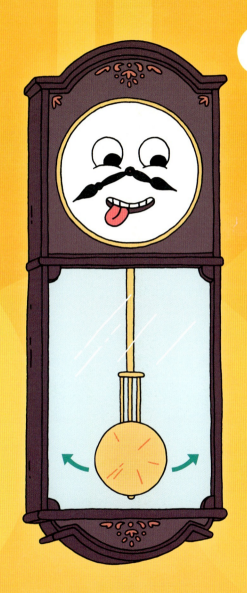

看看我的
动力源！

摆钟的
优势何在?

钟摆的工作原理是将其从重力势能中获取的能量转化为动能。当钟摆摆动到其最高点时，其储存的重力势能达到最大值，当它回落到中点（即最低点）时，能量随之转化为动能；当钟摆从一边摆到另一边时，以上过程就会重复。正是动能维持了摆钟的运转。摆遭遇到摩擦力意味着摆动的速度会减慢，摆动的距离会随着时间的推移而减小。但是，完成一个周期摆动所需的时间却总是精确相同的。这就产生了等时性，本质上意味着"相等的时间量"，这就是摆钟何以如此精确的原因。

随着时间的推移，当钟摆的摆动速度变得迟缓时，则需要给摆钟上紧发条，使其获得工作所需的能量。较重的摆锤比轻的摆锤储存的能量更多，因此不需要经常上发条。

统一的世界

标准模型回答了许多关于物质结构、物质由何组成以及如何受力的影响的问题。然而，标准模型并不完善，我们现有的模型无法回答关于宇宙的所有问题。

标准模型的主要问题是，它无法解释为什么粒子会这样存在。物理学家并不认为标准模型是错的，而认为它并非全貌——我们还需要去挖掘其他一些东西。

基本力

有四种力控制我们周围的一切。它们被称为基本力，即：

1 引力

这种力在基本力中是最弱的，但仍然强大到足以把星系维系在一起。

2 磁力

这种力控制着电子的行为，并产生电场和磁场。

3 强力

这是一种将质子和中子结合在一起的吸引力，作用于夸克之间。它只能在原子核的范围内起作用，超过这个范围，它便会消失。

4 弱力

这种力比强力弱 1000 万倍（因此得名），但它仍然比引力强。它的作用距离非常小，负责将中子转化为质子。

大统一理论

粒子物理学家的主要目标之一是将 4 种基本力统一到一个大统一理论中，这是一个单一理论，能为宇宙的组织形式提供更优雅的解释。物理学家詹姆斯·克拉克·麦克斯韦将电和磁结合成电磁学，并意识到这两者都是由于电子的运动和排列而产生，从而朝着这个目标迈出了第一步。现在物理学家们也将电磁力和弱力联系在一起，认为在高能情况下，它们是同一种力的不同侧面。这被称为电弱力。

大多数大统一理论实际上并没有走到统一所有四种基本力的地步。取而代之的是，他们试图先将强力和电弱力结合起来，因为它们都有适合于标准模型的力的传递者。为了使这一理论更进一步，物理学家必须提出可被验证的预测。真正能综合四种力的理论还必须解释量子世界，解释所有基本物理问题，而不仅仅是力。因此它被称为万物理论。目前，还没有任何万物理论能给出可以实验验证的预测，所以这个领域仍然是完全理论化的。

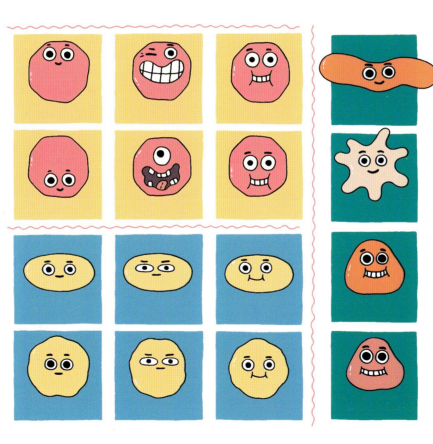

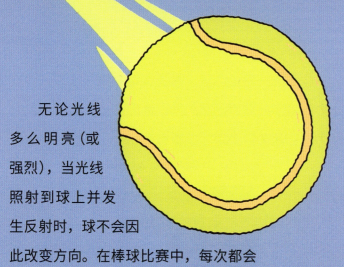

无论光线多么明亮（或强烈），当光线照射到球上并发生反射时，球不会因此改变方向。在棒球比赛中，每次都会有一种叫作雷达的光射向棒球，以测量其速度，而雷达从不改变棒球的速度或方向，否则它将被禁用！

击倒原子

在原子世界里，事物是如此之小，以至于从原子上反弹的光波会改变原子的运动方向和速率，在某些情况下甚至会将原子中的电子从原子核周边撞开。你能想象当有人用手电筒照射你时，你会被撞倒吗？好吧，如果你像一个原子那么小，光线会让你摔一个大跟斗！

海森堡不确定性原理

如果我朝你扔一个球，你可以看到它飞过来，因为阳光（或灯光）会从球上反弹到你的眼睛里。如果在一个非常黑暗的夜晚这样做，你就看不到球，因为没有光线会从球上反弹到你的眼睛里。

对于原子来说，这有点像一个网球在一个挂满铃铛的房间里移动。当球与铃铛碰撞时，铃铛响了起来，这样你就知道球在哪儿了。但这次碰撞同时使球偏离了原来的轨道，这意味着它现在正朝着不同的方向移动。铃铛声会告诉你球曾经在哪儿，而不是它现在在哪儿。

速度不只是快慢

在物理学中，不仅要测量物体运动的快慢，即速率，还要测量速度。速度就是你的运动方向加上速率。例如，一辆汽车以 50km/h 的速度行驶，我们可以说它的速度是向东 50km/h（或它行驶的任何方向）。正因为此，

海森堡不确定性原理使阿尔伯特·爱因斯坦说出了他的名言"上帝不会掷骰子"来反对。尽管从那时开始，物理学家做出了许多努力，但这一原理始终没有被推翻，现在仍是量子力学领域的基石之一。

我们不可能同时测量微粒的速度和位置。一旦我们发现它们在哪儿，测量的过程同时就会将它们的运动轨迹打乱，从而改变它们的速度；如果我们立志测量它们的速度，让它们保持移动，那么我们就不知道它们在哪儿。所以我们只能测量它们在一定范围内的大致位置和速度，允许存在一定的不确定性。

德国科学家沃纳·海森堡是第一个提出这一想法的人，因此该原理以他的名字命名。

布朗运动

布朗运动是以伟大的苏格兰科学家罗伯特·布朗的名字命名的。布朗运动的发现属于科学领域的偶然事件，它引领了许多突破性的理论发现。

布朗的意外发现

布朗实际上是一位植物学家，他的本职工作主要是研究植物样本。在显微镜下观察悬浮在水中的花粉颗粒时，他发现花粉会晃动，并会在溶液中缓慢移动，即使没有任何其他的东西推动它们。虽然当时人们并不了解这种运动，但在原子和分子被直接观察到之前，这种运动引发了人们对原子和分子的猜想。

什么是布朗运动？

布朗观察到花粉颗粒似乎在水中随机运动，其运动轨迹无法预测。这激发了他的好奇心。

布朗无法确定是什么原因导致了这种运动，所以开始排查各种可能的原因。布朗的主要成就就是证明了这种运动与花粉的活性无关，他发现失去活性的花粉和灰尘一样，也会做随机运动。他还注意到，那些更小、更轻的微粒比花粉运动得更剧烈。

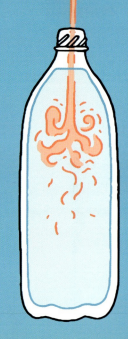

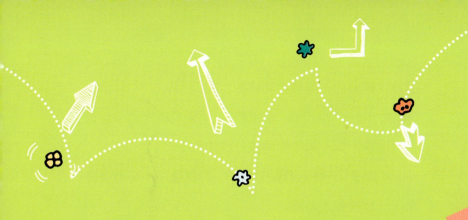

尽管布朗是第一个观察并记录这一现象的人，但他并不知道其背后的原理究竟是什么。后来的研究才逐步揭示，布朗运动是由微小的（当时是看不见的）水分子与花粉颗粒碰撞造成的。尽管花粉颗粒比水分子大 10 000 倍，但如此多碰撞产生的力足以移动花粉颗粒，让花粉做出无法预测的随机运动。

或许你会本能地认为花粉的随机运动表明其在各个方向上受到相同的作用，分子碰撞会相互抵消，但实际上，总会有一个方向比另一个方向的推力稍占优势。

布朗运动是物理学的基础研究之一，在许多不同的领域产生了深远的影响。经济学家用它来解释股市的波动。现代混沌理论试图理解看似随机波动背后的原因，其根源也与布朗运动有关。

A—Z 物理词汇表

Atom **原子** 化学元素中存在的最小的粒子。

Baryon **重子** 由 3 个夸克组成的强子。

Binary system **双星系统** 中心有两颗星的恒星系统。

Conservation of energy principle **能量守恒** 无论系统发生什么变化，系统总能量保持不变的原理。

Diffraction grating **衍射光栅** 刻有平行线的玻璃或金属片，通过光的衍射和干涉产生光谱。

Electromagnetic spectrum **电磁波谱** 按频率或波长分布的电磁辐射。

Electron spin **电子自旋** 一个电子（和其他基本粒子）的性质，使其成为旋转的电荷球。

Entropy **熵** 表示系统中不能用于机械工作的能量的量，也可用作系统无序性和随机性的度量。

Frequency **频率** 每秒通过特定点的波或周期数。

Fundamental forces **基本力** 可以作用于亚原子粒子的四种最基本的力，目前无法简化为任何其他类型的力：引力、电磁力、强核力和弱核力。

Fundamental particle **基本粒子** 采用目前对粒子物理学的理解，即一些不能再被分解的粒子。

Gluon **胶子** 一种无质量的粒子，传递强子中将夸克聚集在一起的强大力量。

Gravitational field strength or g **重力场强度** 作用在每千克物质上的重力大小。

Gravitational lensing **引力透镜** 当物质（例如星系）使光弯曲并充当透镜，放大其后面的物体时看到的效果。

Gravitational potential energy **重力势能** 由于物体在重力场中的位置（即距离地面的高度）而储存在物体中的能量。

Graviton **引力子** 传递尚未被发现的引力的理论粒子。

Hadrons **强子** 一组亚原子粒子，包括重子和介子，受到的强大的相互作用力。

Incident ray **入射光** 射入表面的光线。

Isotopes **同位素** 一种元素的不同形式的原子，它们包

含相同数量的质子和不同数量的中子。

Kinetic energy **动能** 物体运动时的能量。

Leptons **轻子** 不受强力影响的亚原子粒子。

Light year **光年** 天文距离单位，相当于光在一年中传播的距离（约 9.5×10^{12} km）。

Meson **介子** 由夸克和反夸克组成的强子。

Nanotechnology **纳米技术** 纳米级技术的一个分支。

Neutrino **中微子** 一种亚原子粒子，质量很小，没有电荷，很少与正常物质相互作用。

Nuclear fission **核裂变** 重核分裂成更小的核并释放能量的核反应。

Nuclear fusion **核聚变** 一种核反应，轻原子核融合在一起形成重原子核并释放能量。

Photoelectric effect **光电效应** 光子撞击金属并使电子发射的过程。

Photon **光子** 一种无质量的光粒子（或 EM 光谱的任何其他成分），携带与其频率相关的能量。

Quantum mechanics **量子力学** 描述亚原子粒子行为

的物理学分支。

Quarks **夸克** 6 种基本粒子组成的一组，组成较重的亚原子粒子。

Radioactive decay **放射性衰变** 原子核以 α 粒子、β 粒子或 γ 射线的形式发出自发辐射的过程。

Rare earth magnets **稀土磁铁** 由稀土元素构成的超强永磁铁。

Reflection **反射** 光射到两种不同介质的分界面上时，便有部分光自界面射回原介质中的现象。

Refraction **折射** 当波从一种物质传播到另一种物质时，或当波加速或减慢时，波的方向发生变化。

Scalar **标量** 只有大小的量，如质量或速率。

Standard Model **标准模型** 解释基本粒子和力是如何共同作用的理论模型。

Static electricity **静电** 一种静止电荷，通常由摩擦产生，积聚在绝缘材料上。

Stellar wind **恒星风** 以风的形式从恒星中连续流动的带电粒子。

Strong force **强力** 使原子核中的粒子和强子中的夸克结合在一起的力。

Thermal energy or heat **热能或热** 由原子动能引起的物体的内能。

Thermodynamics **热力学** 研究热和其他形式能量之间关系的物理学分支。

Time dilation **时间膨胀** 当时钟的运动接近光速时，在静止的观察者看来，移动时钟的时间明显变慢。

Vector **矢量** 有大小和方向的量，如速度或加速度。

Wavelength **波长** 一个波的峰值和下一个波的峰值之间的距离。

Wave-particle duality **波粒二象性** 当某物表现出既作为波又作为粒子的特性时。

译名对照表

Albert Abraham Michelson 阿尔伯特·亚伯拉罕·迈克尔逊

Albert Einstein 阿尔伯特·爱因斯坦

Archimedes 阿基米德

Aristarchus 阿里斯塔克

Arno Penzias 阿诺·彭齐亚斯

Benjamin Franklin 本杰明·富兰克林

Celsius scale 摄氏温标

Christiaan Huygens 克里斯蒂安·惠更斯

Edward Williams Morley 爱德华·威廉斯·莫雷

Ernest Rutherford 欧内斯特·卢瑟福

Fahrenheit scale 华氏温标

Fizeau 斐索

Foucault 傅科

Galileo Galilei 伽利略·伽利莱

Geoffrey Taylor 杰弗里·泰勒

Grand Unified Theory 大统一理论

Henri Becquerel 亨利·贝克勒尔

Henry Cavendish 亨利·卡文迪什

Isaac Newton 艾萨克·牛顿

J. J. Thomson 约瑟夫·约翰·汤姆森

James Clerk Maxwell 詹姆斯·克拉克·麦克斯韦

James Joyce 詹姆斯·乔伊斯

Jocelyn Bell Burnell 乔瑟琳·贝尔·博内尔

Johannes Kepler 约翰尼斯·开普勒

John Michell 约翰·米歇尔

Joseph Swan 约瑟夫·斯旺

Lise Meitner 莉泽·迈特纳

Lord Kelvin 开尔文勋爵

Marie Curie 玛丽·居里

Max Planck 马克斯·普朗克

Max Tegmark 马克斯·泰格马克

Michael Faraday 迈克尔·法拉第

Niels Bohr 尼尔斯·玻尔

Peter Higgs 彼得·希格斯

Pierre Curie 皮埃尔·居里

Ptolemy 托勒密

René Descartes 勒内·笛卡尔

Richard Feynman 理查德·费曼

Robert Brown 罗伯特·布朗

Robert Wilson 罗伯特·威尔逊

Seleucus 塞琉古

Thomas Edison 托马斯·爱迪生

Thomas Young 托马斯·杨

Tycho Brahe 第谷·布拉赫

Usain Bolt 尤塞恩·博尔特

Werner Heisenberg 沃纳·海森堡

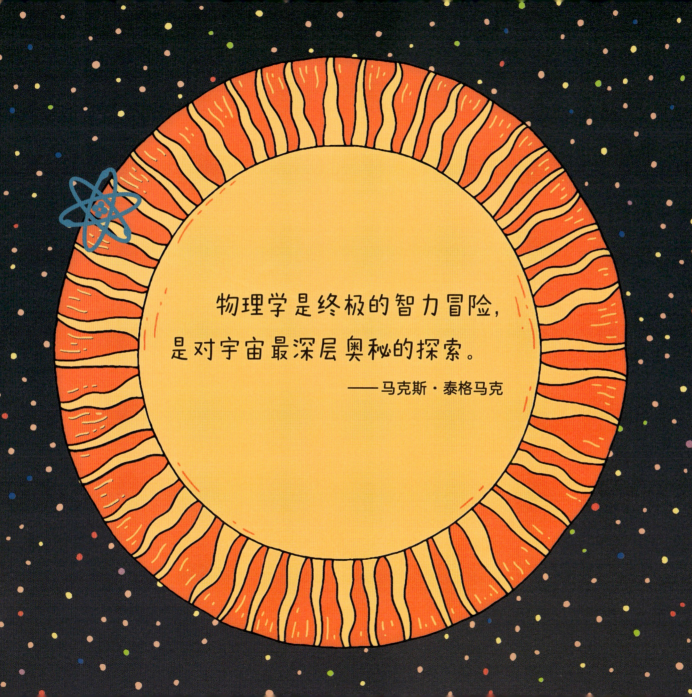

物理学是终极的智力冒险，
是对宇宙最深层奥秘的探索。

——马克斯·泰格马克

图书在版编目（CIP）数据

你好，物理 /（英）莎拉·赫顿 (Sarah Hutton) 著；
王宗笠译. -- 重庆：重庆大学出版社，2025.3.
ISBN 978-7-5689-4785-5

Ⅰ.O4-49

中国国家版本馆CIP数据核字第2024 MN 2999 号

你好，物理
NIHAO, WULI

[英] 莎拉·赫顿 ｜著　　王宗笠 ｜译

策划编辑：王思楠
责任编辑：陈　力　　责任印制：张　策
责任校对：邹　忌　　装帧设计：马天玲

重庆大学出版社出版发行
出　版　人：陈晓阳
社　　　址：（401331）重庆市沙坪坝区大学城西路 21 号
网　　　址：http://www.cqup.com.cn
印　　　刷：重庆升光电力印务有限公司
开　　　本：787 mm×1092 mm 1/16　印张：7.25　字数：114 千
2025 年 3 月第 1 版　　2025 年 3 月第 1 次印刷
ISBN 978-7-5689-4785-5　　定价：48.00 元

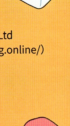